군사학 연구총서 ③

MILITARY GEOGRAPHY & WEATHER

기반 개정판

# 군사지리기상

김두현 · 우희준

학군제휴 협약대학교 협의회 감수

도서출판 진영사

**군사 지리 기상**

김두현, 우희준 공저

2018년 02월 21일 초판 인쇄
2018년 02월 26일 초판 발행
2019년 01월 04일 개정판 발행
2021년 08월 17일 개정판 2쇄 발행
발행인 박 진 영
발행처 도서출판 진영사
인천광역시 부평구 갈산동 185번지 풍진빌딩 303호
전화 : 032)505-4207
팩스 : 032)505-4206
E-mail : 0183734207@hanmail.net
등록 : 122-91-77317

ISBN 978-89-6541-400-1 93390
값 12,000원

# 머 리 말

군사지리기상 과목은 장교, 부사관 및 후보생 양성교육과정에서 핵심교육 과목으로 임관종합 평가에 포함되어 있으며, 현재 4년제 군사학과와 2년제 부사관 후보생을 양성하는 학과에서 선행과목으로 교육을 하고 있다. 그러나 장교 및 부사관 후보생의 군사지식과 눈높이에 맞는 교재가 미흡하고 각 대학별로 군 교범을 참고하여 교육을 하고 있는 것이 현실이다. 따라서, 본 교재는 장교 및 부사관 후보생들의 수준을 고려하여 군사지리기상에서 핵심 분야인 독도법과 군대부호 분야를 위주로 이해가 용이하도록 작성하였다. 특히, 장교 및 부사관 양성교육과정 교육내용을 NCS 기반체계와 연계하여 기초적인 내용위주로 작성하였다.

본 군사지리기상 교재의 내용 구성은 장교 및 부사관 후보생의 교육 목표와 연계하여 장, 절 편성을 하였다. 본 교재에서 설정한 교육의 목표는 방향탐지 및 방향유지에 꼭 필요한 군사지도의 좌표체계를 이해하고 지도 판독과 나침반 사용 능력 등 기초적인 군사지식을 구비하는 데 있다.

이와 같은 교육목표를 달성하기 위해서 본 교재는 7장으로 구성하였다. 먼저 제1장은 총론으로 개요, 교육진행순서, 진단평가, 군사지리기상 용어의 의미 등 4개의 절로 편성하였다. 제2장은 지형정보 및 난외주기로 지형정보, 군사지도, 기호 및 색채 등 군사지도를 이해하는 데 필요한 내용으로 4개의 절로 편성하였다. 제3장은 지도를 판독하는 데 필요한 고도, 등고선, 기복, 배수지물, 좌표 등 5개의 절로 편성하였다. 제4장은 개요, 축척을 이용한 지상거리 측정, 도표척도를 이용한 지상거리 측정 등 군사지도에서 축척을 이해하고 도상거리와 지상거리를 계산하는 데 필요한 내용으로 3개의 절로 편성하였다. 제5장은 방향, 방위각, 지도판독 보조기구 사용방법 등 나침반 사용방법을 숙달하는 데 필요한 내용으로 3개의 절로 편성하였다. 제6장은 지도정치, 위치결정법, 자연현상을 이용한 방향결정, 방향 탐지 및 유지방법과 절차, 방향과 위치결정 실습 등 5개의 절로 편성하였다. 제7장은 개요, 군대부호의 분류, 기본군대부호 등 3개의 절로 편성하였다.

끝으로 여주대 교수로 이 책을 출판할 수 있도록 기회를 준 여주대 총장님과 군사학부장님께 감사드립니다. 그리고 교재가 완성되는 데 많은 조언과 도움을 준 여주대 군사학부 교수님들과 진영사 대표님께 감사드립니다. 이 교재가 장교 및 부사관 후보생 교육과정에서 군사지리기상 과목의 교육성과를 향상시키는 데 기여하기를 바랍니다.

**2018년 12월 저자 김두현, 우희준**

# 목 차

## 제1장 총 론



## 제2장 지형정보 및 난외주기



## 제3장 지도판독



## 제4장 축척 및 거리

## 제5장 방향과 방위각



## 제6장 방향탐지 및 유지



## 제7장 군대부호

# Chap. 1 총 론

제1절 개 요

제2절 교육진행 순서

제3절 진단평가

제4절 군사지리기상 용어의 의미

# 제1절 개 요

## 1 목표 / 중점

| | |
|---|---|
| 목 표 | • 지도판독과 방향 탐지 이해 |
| 중 점 | • 지도 구성 및 사용법, 지도판독(讀圖)<br>• 나침반 명칭 이해 및 사용법 숙달<br>• 방위각 이해 및 방위각 측정방법 숙달<br>• 지도정치와 위치결정법 이해 |

## 2 요망수준

가. 군사지도의 난외주기와 구성을 이해하여야 한다.

나. 군사지도를 보고 지도 축척을 구분할 수 있어야 한다.

다. 군사지도를 보고 좌표를 판독할 수 있어야 한다.

라. 군사지도를 보고 지도 축척에 따라 고도를 식별할 수 있어야 한다.

마. 나침반의 명칭과 사용법을 이해하고 숙지하여야 한다.

바. 방위각을 이해하고 지도 정치를 할 수 있어야 한다.

## 3 적 용

가. 본 교재에서 제시한 내용은 부사관 및 장교로 임관을 준비하는 군사학과, 특수전과 후보생 등에게 선행교육 간 적용할 수 있도록 작성하였다.

나. 본 교재의 구성은 부사관 및 장교로 임관하기 전에 군사지리기상을 이해시키기 위해 꼭 알아야 핵심 내용위주로 제시하였다.

다. 본 교재의 기본 개념은 NCS 기반 체계에 의한 교육진행 절차를 준용하여 편성하였다.

# 제2절 교육진행 순서

| 구분 | 교육 내용 | 시간 |
|---|---|---|
| 1강 | 과목소개, 교육진행계획, 1차 진단평가, 용어 설명 | 강의 |
| 2강 | 지형정보 및 난외주기 | 강의, 실습, 발표 |
| 3강 | 고도 및 기복 | 동영상 시청, 강의, 실습, 발표 |
| 4강 | 좌표(지리좌표, 군사좌표) | 강의, 실습, 발표 |
| 5강 | 기준선 좌표법, 극좌표법에 의한 위치 표시 | 강의, 실습, 발표 |
| 6강 | 축척과 지상 및 도상거리 | 강의, 실습, 발표 |
| 7강 | 1차 야외 실습<br>(고도, 군사좌표, 위치표시, 지상거리) | 야외 실습 |
| 8강 | 1차 직무수행능력 평가 | |
| 9강 | 방위각과 도표척도 | 강의, 실습, 발표 |
| 10강 | 지도판독 보조 기구 사용 방법 | 강의, 실습, 발표 |
| 11강 | 지도정치(도북선, 자북선, 지형지물), 위치결정법 | 강의, 실습, 발표 |
| 12강 | 방향탐지 및 유지, 야전편법을 이용한 방향 결정 | 강의, 실습, 발표 |
| 13강 | 군대부호 2차 진단 평가 | 강의, 실습, 발표 |
| 14강 | 2차 진단 평가 , 2차 야외 실습<br>(나침판 사용요령, 지도정치, 위치 결정법, 방향탐지) | 야외 실습 |
| 15강 | 미흡분야 보충교육 | |
| 16강 | 2차 직무수행능력 평가 | |

# 제3절 진단평가

## 1 진단평가 목적, 시기

교육시작 전과 교육 후에 학생들의 수준을 진단하고 평가하는 절차로 교육 진행 모델에 제시한 바와 같이 제1강과 제14강 때 교수지도하에 학생들이 진단 평가를 실시한다.

## 2 진단평가 내용(예)

| 영역<br>(능력단위 요소) | 진단 문항 | 자가 진단 | | |
|---|---|---|---|---|
| | | 높음 | 보통 | 낮음 |
| 언어,수리, 공간, 지각능력 배양 | 주어진 지도를 보고 방향을 파악할 수 있다 | | | |
| 언어,수리, 공간, 지각능력배양 | 주어진 지도를 보고 개인의 위치를 파악할 수 있다 | | | |
| 언어,수리, 공간, 지각능력배양 | 주어진 지도를 보고 목표지점을 찾을 수 있다. | | | |
| 언어,수리, 공간, 지각능력배양 | 주어진 지도를 보고 상호 비교하여 틀린 점을 찾을 수 있다 | | | |
| 개인전투기술 향상방법 배양 | 지도와 지형을 이용하여 이동하는 방향을 찾고 이동하는 방법을 이해한다 | | | |
| 개인전투기술 향상방법 배양 | 지도와 나침의 및 자연현상을 이용하여 방향을 결정하고 이동하는 방법을 이해한다 | | | |
| 군사전문지식 배양 | 지도를 보며 지형을 판단하고 병력배치 및 작전 운영을 할 수 있다. | | | |
| 군사전문지식배양 | 개인이 위치를 확인하고 목표 및 요구하는 위치를 찾아갈 수 있다. | | | |

# 제4절 군사지리기상 용어의 의미

## 1 군 사

군대, 군비[1], 전쟁, 작전, 훈련 등과 같은 군에 관한 정보

## 2 지 리

지구상의 지형, 기후, 생물, 자연, 도시, 교통, 주민, 산업 등의 상태

## 3 기 상

바람, 비, 구름, 눈 등 대기중에서 일어나는 현상

**가. 대기 수상** : 비, 눈, 우박, 안개, 서리 등과 같이 물이 액체 또는 고체 상태로 대기중에서 떨어지거나 떠 있거나 또는 지상의 물체에 붙어 있는 현상

**나. 대기 광상** : 무지개, 햇무리, 신기루, 아침놀, 저녁놀 등과 같이 해와 달의 빛 반사, 굴절 등에 의해 생기는 광학적 현상

**다. 대기 전상** : 번개, 오로라 등과 같이 사람의 눈 또는 귀로 관측되는 대기중의 전기현상

1) 전쟁 수행을 위한 병력, 장비, 보급품, 시설의 총칭

Chap. 2

# 지형정보 및 난외주기

**학습목표**

1. 지형정보의 의미와 지형정보 포함사항을 이해하여야 한다.
2. 군사지도의 종류와 차이점을 이해하여야 한다.
3. 지도의 난외주기와 기호 및 색채를 이해하고 차이점을 숙지하여야 한다.

# 제1절 지형정보

## 1 지형의 의미와 형태

지형이란 땅의 생긴 모양이나 형세을 의미하며 하천·산지·해안 등 지구 표면의 높낮이, 기복, 굴곡 등 자연 그대로의 형태로 해수면 위로 드러나 있는 지형을 육상지형, 해수면 밑의 지형을 해저지형이라고 한다. 지형의 형세는 산맥, 평야, 하천, 해안선, 고원, 사막, 언덕, 구릉, 절벽, 계곡 등으로 구분할 수 있으며 형세는 아래 그림과 같다.

## 2 지형 정보

인간 활동 영역에서 형상에 대한 1차원, 2차원(평면적)인 것뿐만 아니라, 표면기복을 갖는 3차원적 형태(지표면은 물론 환경 · 자원 · 시설물 · 문화재 등)의 특성에 관한 정보이며, 지형, 지리, 공간에 관련되는 모든 정보를 지형 정보라고 한다.

이와 같은 지형 정보는 각종 색채 및 기호를 활용해서 지도(군사지도), 디지털 지형정보. 기타 지형정보(3차원, 3D)로 표현한다.

## 3 지도

지도란 지구 표면의 일부나 전부의 상태를 기호나 문자를 사용하여 실제보다 축소해서 평면상에 나타낸 그림으로 각종 지형지물을 특정한 축척으로 축소하여 약정된 기호와 색채로 표현한 것이다.

### 가. 세계 지도

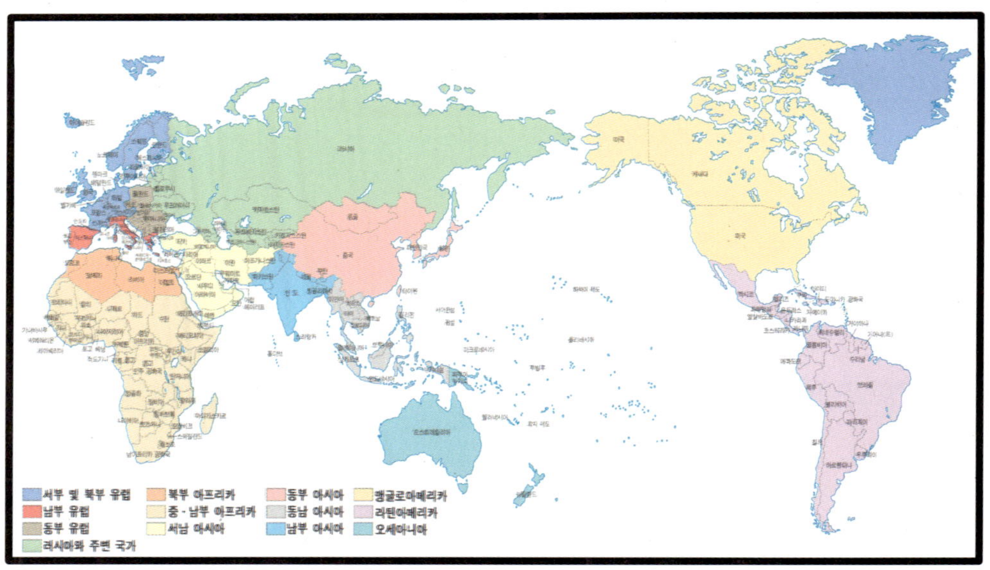

## 나. 대한민국 / 서울특별시 지도

## 다. 3차원 / 3D

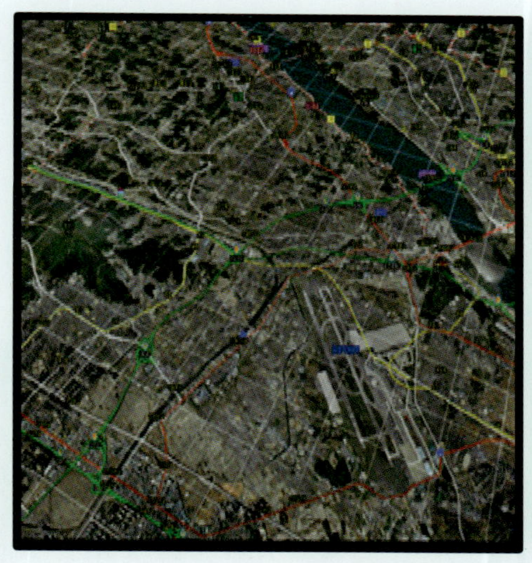

## 라. 지도의 사용

1) 지형지물과 교통, 병참로 등의 존재 및 위치
2) 지형지물간의 관계에 대한 정보 전달
3) 이미지를 전달하는 의사소통 수단

# 제2절 군사지도

## 1 개 요

작전지역에 대한 지형의 고저와 기복, 장애물, 기동로, 포병, 및 유도탄 사격에 필요한 기본 측지와 통제점, 병참선, 하천 등에 대한 지형자료를 산출할 수 있도록 제작된 지도를 군사지도라고 한다.

## 2 군사지도의 활용

가. 군사지도는 군사작전, 교육훈련, 부대 활동간에 활용한다.
나. 임의지점이나 부대 위치 식별 시 활용한다.
다. 군사작전 계획 수립 및 실시, 사격 및 화력 유도, 부대 이동 간 방향 유지 등에 활용한다.

## 3 군사지도의 분류

**가. 육 도(陸圖)** : 지상의 모든 지형지물을 축소하여 그린 지도이며 형태에 따라 표준지도, 비표준 지도, 특수지도로 분류한다.

『일반 군사지도』

『디지털 군사지도』

**1) 표준지도 :** 지형지물을 표시할 때 입체적인 표시를 하지 않고 수평상태로 그려진 지도이며 작전 및 교육훈련용으로 주로 사용하는 지도이다. 표준지도의 구분은 아래와 같다.

가) 전술 기본지도 : 축척 1/5만

나) 전술 보조지도 : 축척 1/2.5만, 축척 1/10만

다) 시가도 : 도시의 주요도로, 건물 등을 표기한 지도

라) 합동작전지도 : 지상과 공중 합동 작전용, 지상과 해상 합동작전용, 축척 1/25만

**2) 비표준 지도 :** 교육용 지도, 훈련용 지도

**3) 특수지도 :** 특수작전 및 교육 훈련 등에 활용하기 위해 제작한 지도

### 가) 남한 전도

남한전도는 앞면에 축척 1/50만 남한 전도를 표기하고 뒷면에는 서울, 대전, 대구, 부산, 광주 시가지를 인쇄하여 주요 시가지와 도로를 표기할 수 있도록 제작된 지도이다.

### 나) 기복 지도

(1) 지형의 고저 형태를 등고선, 단채법,[2], 음영법[3] 등으로 도식하여 입체적으로 나타낸 지도이며, 군사작전계획, 교육훈련, 헬기착륙 가능지역, 포병진지 선정, 숙영지 편성 가능지역, 수용공간 판단 등을 할 수 있도록 제작된 지도이다.

(2) 축척은 1/5만, 1/10만, 1/50만, 1/100만 등이 있다.

### 다) 지형 분석도

(1) 지형에 대한 군사적 정보를 작전 부대에 제공할 목적으로 휴전선 부근에서 북위 40도 지역까지 지형과 경사, 장애물, 토양,

---

2) 등고선의 높이에 따라 다른 색깔로 채색을 하여 높이의 변화를 나타내는 시각적인 방법이다.

3) 그림자로 지표의 기복을 표시하는 방법으로 지형의 입체감이 가장 잘 나타나는 방법이다.

식생, 배수, 수송 등 6가지 요소를 포함하여 제작한 지도이다.

(2) 축척은 1/5만, 1/25만이 있다.

### 라) 비무장 지대 운항도

육군 항공, 공군이 비무장 지대 부근을 운항시에 안전운항을 위해서 제작한 지도이다.

### 마) 단체식 지도

(1) 표고에 따라 등고선의 색상을 다르게 하여 지형의 높이를 구분하여 제작한 지도이다.

(2) 축척은 1/5만이 있다.

**나. 항공도(航空圖)** : 항공기가 비행하는데 필요한 사항을 표기한 지도이다.

**다. 해 도(海圖)** : 해군작전 및 해안 부대 선박운용을 위해서 바다의 상태를 자세히 기록하고 표기한 항해용 지도이다.

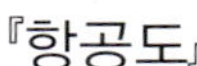

『항공도』

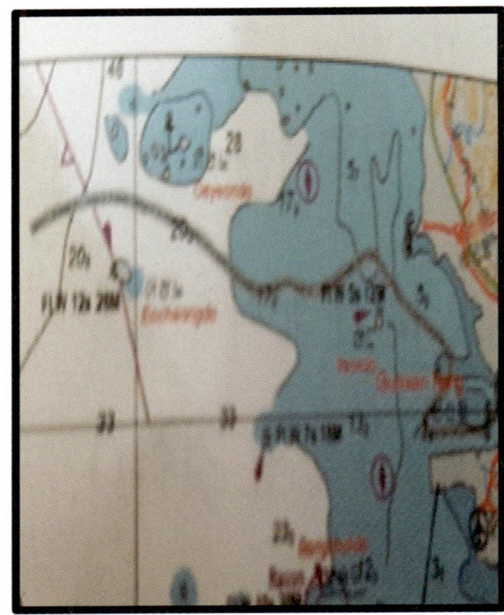

『해도』

# 제3절 난외주기

## 1 개 요

가. 난외주기란 지도상에 표시되어 있는 각종 그림이나 기호를 지도의 상단과 하단에 표시한 지도 사용 설명서 이다.

나. 난외주기는 상품의 사용설명서와 같은 것으로 지도를 보고 이해하고 판독을 잘하기 위해서는 지도의 상단과 하단에 표기되어 있는 난외주기를 숙지하고 이해하여야 한다.

## 2 난외주기 포함사항

난외주기는 지도의 제작방법, 용도, 지역, 축척 등에 따라 포함되는 내용이 상이하다.

따라서 본 교재에서는 군사지리기상 교육용으로 활용하고 있는 1/5만 상주 지도를 기준으로 설명을 하였다.

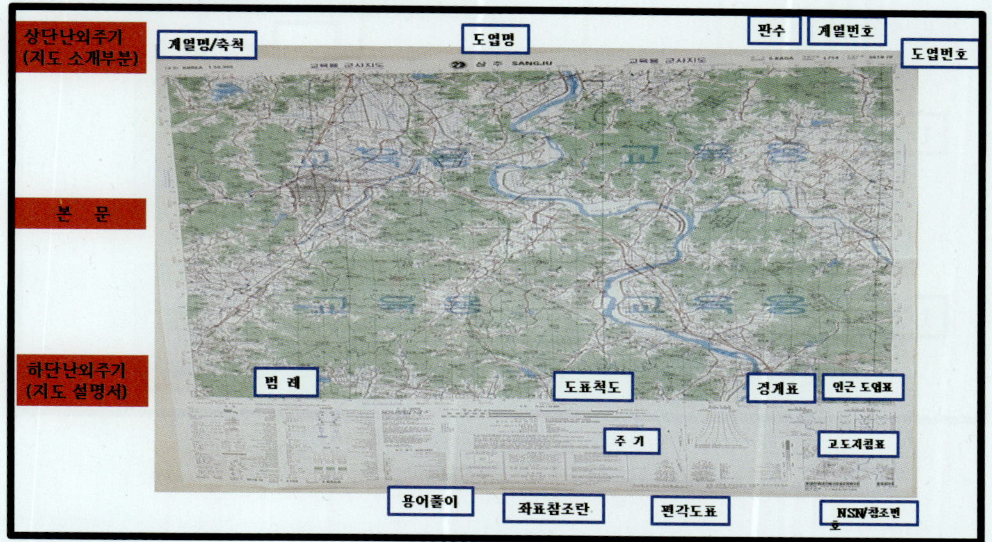


『군사지도 난외주기 포함사항 위치』

## 가. 도엽명

1) 도엽명은 지도의 명칭을 의미하며, 지도의 상단부 여백 중앙에 한글과 영문으로 표시되어 있다.
2) 도엽명은 지도상에 표시되어 있는 지역의 지리적, 문화적으로 저명한 지형지물을 도엽명으로 하고 통상 지도의 최대 도시나 지명을 사용한다.
3) 지도의 상단 중앙에 "상주 SANGJU "라고 표시 되어있는 바와 같이 이 지도의 도엽명은 "상주"이다.

## 나. 도엽번호

1) 도엽번호는 지도를 사용하거나 관리하는 데 편리하도록 부여한 고유 참조번호이며, 지도의 상단과 하단 여백의 좌측과 우측에 표시되어 있다.
2) 도엽 번호는 야전에서 지도를 신청하고 수령시에 사용한다.
3) 축척별 도엽번호 표시는 다음과 같다.

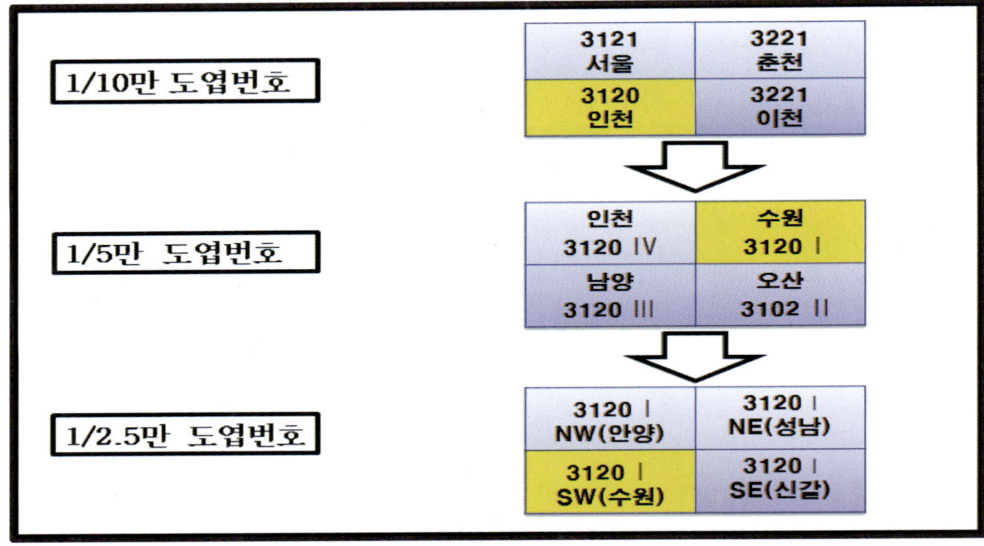


『축척별 도엽번호 부여 방법』

가) 1/10만 지도는 4자리 아라비아 숫자로 표시한다(예 : 3120)

나) 1/5만 지도의 도엽번호는 1/10만 지역을 4개로 동일하게 나눈다. 1/10만 지도 도엽번호에 추가하여 우측 상단 지역부터 시계 방향으로 로마숫자를 부여한다.(예 : 3120 Ⅰ)

다) 1/2.5만 지도의 도엽번호 부여 절차는 아래와 같다.

(1) 1/5만 지도 지역을 4개 지역으로 나눈다.

(2) 1/5만 지도에 추가하여 방향을 영문자(NE, SE, SW, NW)로 부여한다.

(3) 4자리 아리비아 숫자+로마 숫자 + 영문자 방향으로 표시한다. (예 : 3120 Ⅰ SW)

## 다. 계열명

1) 지도가 속한 국가나 지역의 명칭을 사용한다.

2) 상주 지도 좌측 상단에 "대한 KOREA"라고 표시 되어 있는 것이 계열명이다.

## 라. 축 척

1) 실 지상거리를 지도상에 축소 시켜 놓은 것으로 도상거리와 지상거리의 비율이다.

2) 상주 지도 좌측 상단에 "1:50,000"으로 표시 되어 있는 것이 축척이며 실제 지형을 1/5만으로 축소시킨 것을 의미한다.

## 마. 계열 번호

1) 전 세계 지도 관리체계에 의거 부여한 것으로 상주 지도 우측 상단에 "L-754"로 표시되어 있는 것이 계열 번호이다.

2) 계열번호는 영문자와 3자리 또는 4자리 아라비아 숫자로 표시한 참조 번호이다.

## 바. 판 번호

1) 군사지도의 개정 횟수를 의미한다.
2) 상주지도 상단 우측에 "5-KAGA"라고 표기 되어 있는 것이 판 번호이다.
3) 판 번호 "5"는 상주지도 제작 이후에 다섯 번 개정했다는 것을 의미하며, 군사지도의 개정은 지형의 변화 등을 고려해서 지도를 다시 제작한 것이다.

## 사. 범 례

1) 상주 지도 좌측 하단에 표시되어 있는 범례는 지도에 사용된 기호의 의미를 설명 해 놓은 것이다.
2) 범례는 지도 판독시에 지도상에 표시 되어 있는 색채 및 기호와 난외주기에 표시되어 있는 것을 착오 없이 적용하기 위해 항상 범례를 확인해야 한다.

## 아. 도표척도

1) 도표척도는 도상거리를 지상거리로 환산할 때 적용하는 자이며 상주지도 하단 중앙에 표시되어 있다.
2) 도표 척도는 미터, 마일, 해리 등 3개의 측정단위로 표기 되어 있다.

## 자. 용어 풀이

1) 지도에 표기 되어있는 전문용어 사용간에 참고하기 위해 한국어를 영어로 표기해 놓았다.
2) 용어 풀이는 한미 연합작전, 한미 연합훈련 등의 상황에서 참고하기 위해서 영어로 표기해 놓은 것이다.

## 차. 주 기

1) 설명문은 지도의 하단 중안, 도표 척도 아래에 표시 되어 있다.
2) 설명문에는 등고선 간격, 좌표, 투영법, 지도 제작기관, 수직 기준면4), 수평기준점5), 인쇄 기관 등이 표기 되어 있다.

## 카. 좌표 참조란

1) 좌표를 구성하는 제반 사항을 표기해 놓은 것이며 지도 하단 중앙 부분에 있다.
2) 좌표 참조란에는 좌표 구역의 명칭, 10만 미터 평방 구분 표식, 좌표 판독법 등에 대한 지침이 표기 되어 있다.

## 타. 편각 도표

1) 편각 도표는 자북, 도북, 진북 간의 관계 및 3가지 방향의 차이 값인 편차각을 표시한 것으로 지도의 하단 우측에 표기되어 있다.
2) 편각 도표는 어떤 지역의 도자각 확인, 도북각을 자북각으로 변경, 자북각을 도북각으로 변경시에 적용한다.

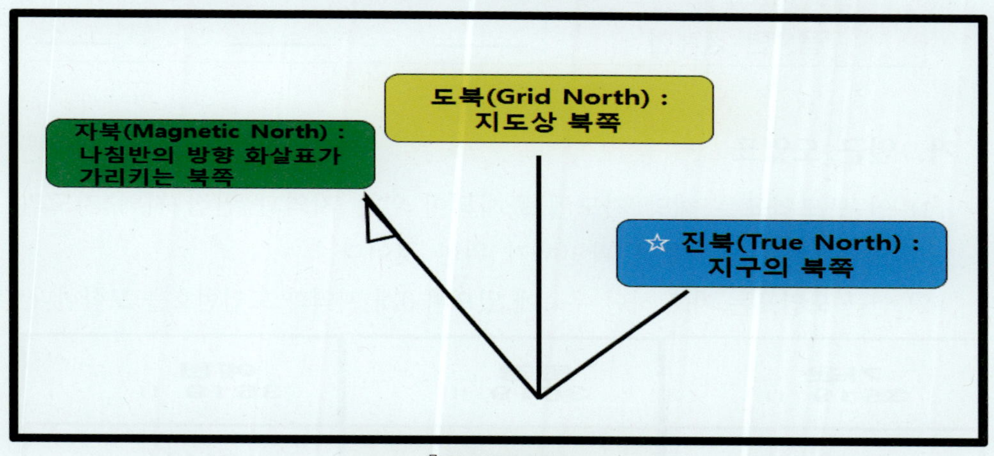


『편각 도표』

4) 수직 기준면이란 해수면이 주기적으로 상승·하강하는 현상을 일정기간 관측해 분석한 결과를 지역별로 가장 낮은 해수면/ 평균 해수면 / 가장 높은 해수면의 높이를 말한다.

5) 수평 기준면이란 평면위치의 표정에 사용하는 평면기준점을 말한다.

## 파. 경사 지침표

1) 기복 지형의 경사를 등고선을 이용하여 측정할 수 있도록 11개의 수평선과 6개의 수직선으로 이루어진 도표이며, 수평선과 수직선의 교차마디는 등고선간의 수평거리이다.
2) 경사 지침표의 등고선 간 수평거리의 경사 측정은 등고선 간격에 맞춰 길이를 대조함으로써 도표의 경사율과 경사각을 적용한다.

## 하. 경계표

1) 경계표는 해당 지역의 축소판으로 지도 구역내에 있는 특별시, 광역시, 도, 구, 시, 군, 읍, 동, 면 등의 행정구역의 경계선을 표시 해 놓은 것이다.
2) 경계표는 지도 하단 우측 부분에 있으며 군사지도에서 행정구역의 범위와 지역을 확인할 때 사용한다.
3) 행정구역의 경계선 표시는 다음과 같다.

| 특별시, 관역시, 도 경계선 | ——— - ——— - ——— |
|---|---|
| 구, 시, 군 경계선 | ——— - - ——— - - ——— |
| 읍, 면 경계선 | ——— - - - ——— - - - ——— |

## 거. 인근 도엽표

1) 인근 도엽표는 해당 지도에 표시되어 있는 지역과 인접 지역 지도의 도엽명과 도엽번호를 확인하기 위한 것이다.
2) 인근 도엽표는 지도 하단 우측에 있으며 9개 지역과 도엽번호를 포함한다.

| 가은<br>3519 II | 문경<br>3619 III | 예천<br>3619 II |
|---|---|---|
| 화령장<br>3518 I | 상주<br>3618 IV | 의성<br>3618 |
| 황간<br>3518 II | 김천<br>3618 III | 군위<br>3618 II |

## 너. 저장번호

1) 지도의 저장 및 효과적인 관리를 위해서 지도 하단 우측 부분에 NSN, 참조 번호를 표시한다.
2) NSN은 13자리로 표시하며 상주지도 저장번호를 보면 7643373618405으로 표기 되어 있다. 앞의 4자리는 국방정보 물자체계 분류기호이며 항공도는 7641, 해도 7642, 육도 7643이다. 다음 2자리는 국가번호(대한민국 : 37)이다. 다음 7자리는 도엽번호(6자리), 판수(1) 순으로 부여한다.

# 제4절 기호 및 색채

## 1 개 요

가. 지도상에 표시한 기호 및 색채는 지도 판독시에 쉽게 이해할 수 있도록 실제 지형지물의 위치에 실제 비율로 축소한 크기로 표시한다.

나. 각종 기호는 지형 지물과 유사한 형태로 표시하고 기호의 중심위치가 실제 그 지형 지물의 실제 위치이다.

다. 지용에 사용된 각종 기호의 의미를 이해하기 위해서는 지도 좌측 하단의 범례를 참고하면 쉽게 이해 할 수 있다.

## 2 지도에 사용되는 기호 및 색채(상주 1:50,000 지도 참조)

### 가. 흑 색

1) 인공지형지물
2) 번호가 없는 비포장 도로 및 소로

### 나. 청 색

1) 배수관계
2) 기 타

### 다. 녹 색

1) 식생 : 수목지대, 침엽, 낙엽, 잡목, 과수원, 산재된 수목
2) 고속도로 : 4차선 고속도로, 2차선 고속도로

**라. 갈 색 :** 고도 및 기복(등고선, 성토지, 절토지)

## 마. 적 색 : 도심지역, 도로

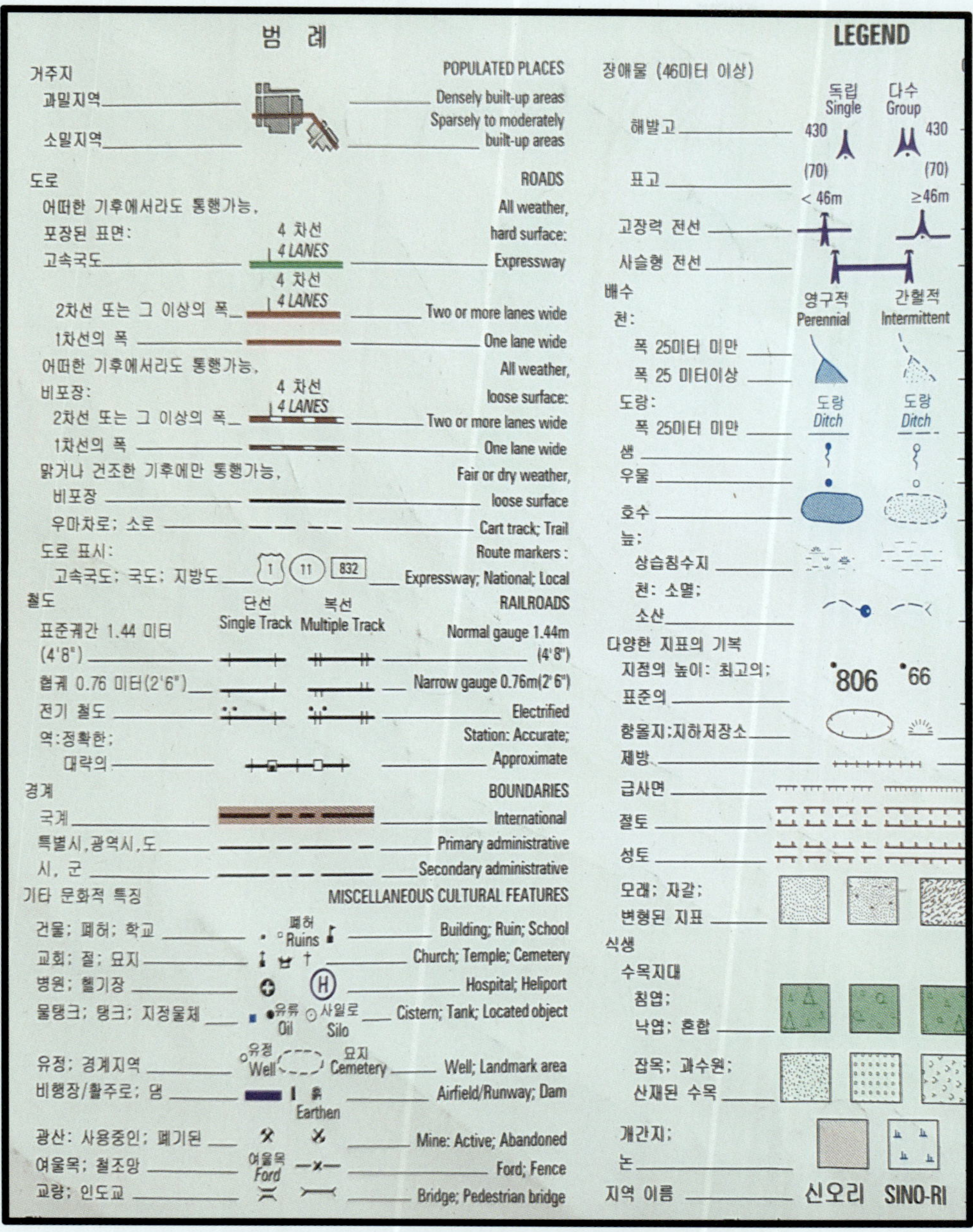


『출 처 : 상주 1:50,000 교육용 군사지도』

Chap. 3

# 지도판독

**학습목표**

1. 고도와 기복이 군사작전에 미치는 영향을 파악하여 아군에게 유리하게 활용할 수 있어야 한다.
2. 군사지도에서 고도표시 방법과 등고선의 간격을 이해하여야 한다.
3. 군사지도에서 기복과 배수지물을 판독하고 식별할 수 있어야 한다.
4. 좌표체계를 이해하고 지도 축척별로 군사좌표 체계와 좌표를 판독할 수 있어야 한다.

# 제1절 고 도

## 1 개 요

가. 고도는 평균 해수면을 기준으로 어떤 임의 지점까지 수직으로 측정한 거리로 아래에서부터 위까지의 거리 또는 벌어진 길이이다.

나. 수직 측정의 기준은 평균 해면 수위를 기준으로 한다. 수직 기준면은 지도상에 나타나는 모든 수준 측량 기점 또는 등고선과 표고의 기준을 지정해 준다.

다. 우리나라는 인천만의 평균 해면 수위를 수직기준면으로 한다. 예를 들어 한라산의 높이가 1,950m는 인천만의 평균 해면수위로 부터 수직 거리가 1,950m이다.

## 2 고도 표시 방법 : 수준점, 삼각점, 표고점, 등고선

### 가. 수준점 : BM 35(흑색)

1) 수준점은 해면 평균 수위를 기준으로 수직 거리가 정확하게 측량이 된 지점을 의미한다. 예를 들어 지도에 BM 35(흑색)라고 표기가 되어 있는 것은 고도가 35m로 정확하게 측량된 지점을 의미한다.

2) BM(Bench Mark)은 고 · 저 측량의 기준이 되는 수준점을 의미한다.

3) 수준점은 주요 국도변에 2~4km 간격으로 설치되어 있다.

## 나. 삼각점 : △ 501(흑색)

1) 삼각점은 삼각측량[6]을 할 때 기준이 되는 것으로 산악지형에서 고도를 측량하는 기점으로 측량이나 포병사격 제원산출시 사용한다.

2) △ 501은 삼각측량 결과 고도가 501m를 나타내는 것으로 표석이 설치되어 있다.

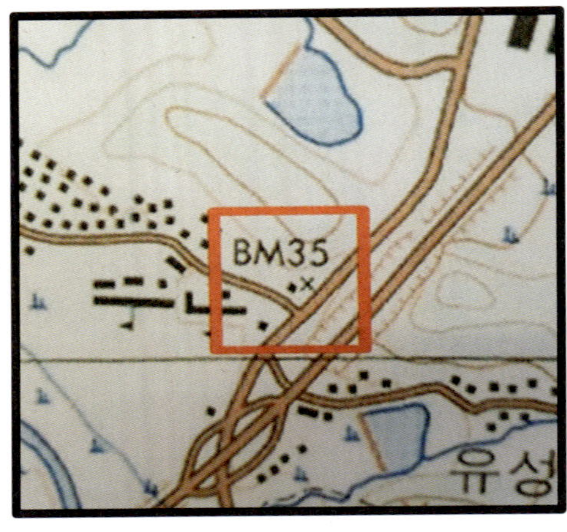


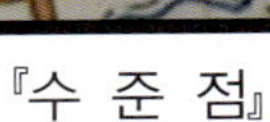
『수 준 점』

『삼 각 점』

## 다. 표고점 : × 307(흑색), × 359(갈색)

1) 표시된 지점의 고도가 307m로 고도 조사가 완료되었음을 의미한다.

2) 표시된 지점의 고도가 359m로 고도가 미확인되었음을 의미한다.

---

6) 삼각형의 한 변의 길이와 두 개의 끼인각을 알면 그 삼각형의 나머지 두 변의 길이를 알 수 있다는 원리를 이용하여 지형을 측량하는 방법이다.

라. 등고선 : 제2절을 참고한다.

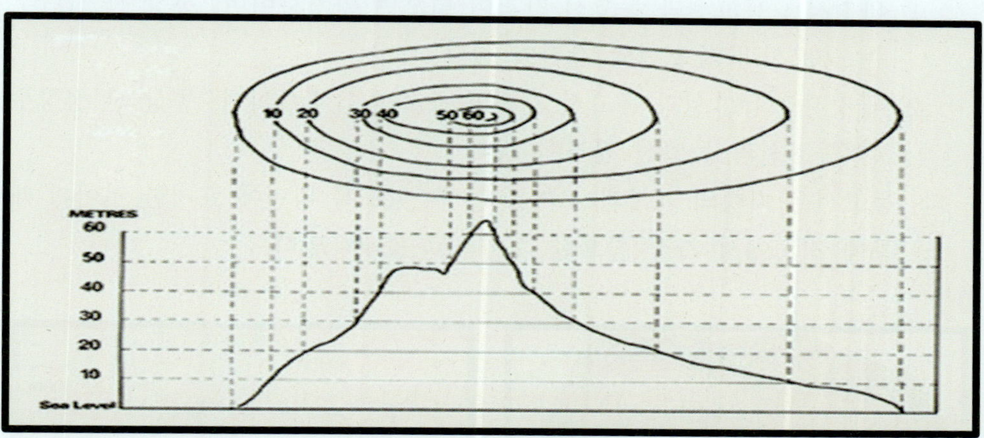


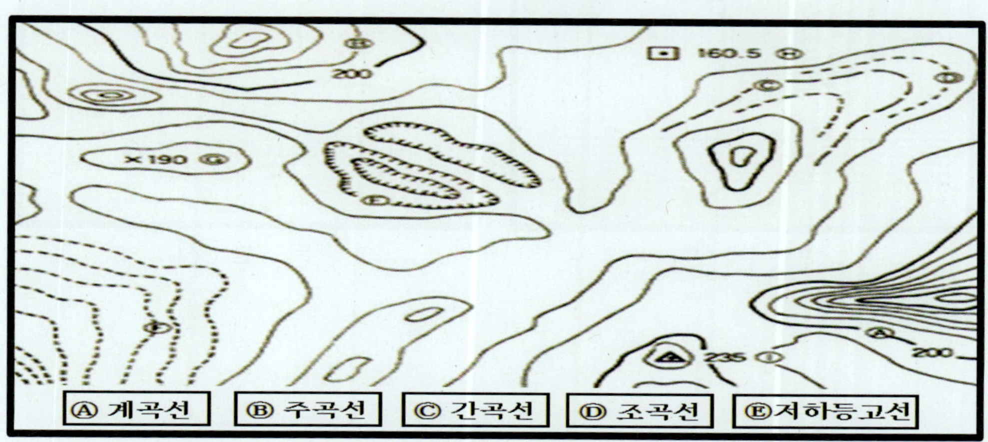

# 제2절 등고선

## 1 개 요

가. 등고선이란 평균 해수면을 기준으로 동일한 고도를 가진 여러 지점을 연결한 선으로 평균 해면 수위를 "0"으로 시작하여 표기하며 단위는 미터법을 적용한다.

나. 등고선은 지형의 모양이나 형태를 나타내는 것으로 등고선을 보고 지형지물의 높고 낮음이나 경사의 완경사와 급경사를 판단할 수 있다.

1) 완경사 : 등고선과 등고선 간격이 넓으면 완경사이며, 통상 산 하단부는 등고선과 등고선의 간격이 넓다.

2) 급경사 : 등고선과 등고선 간격이 좁으면 급경사이며, 통상 산 정상부는 등고선과 등고선 간격이 좁다.

다. 등고선은 지형의 기복과 고저를 알 수 있도록 평면에 표시한 것이기 때문에 지도에서 가장 중요한 것이라고 볼 수 있다.

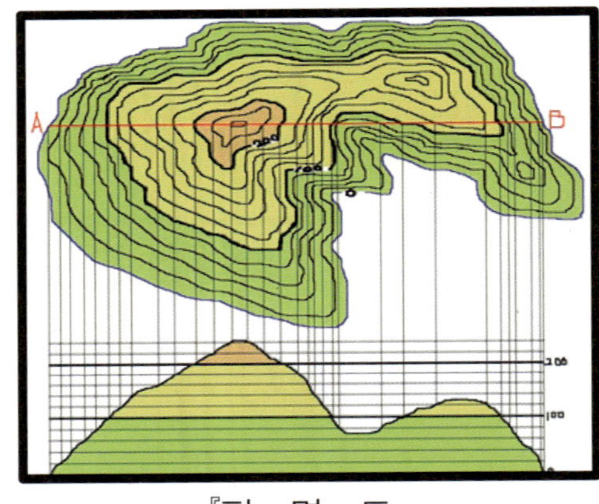


『평 면 도』

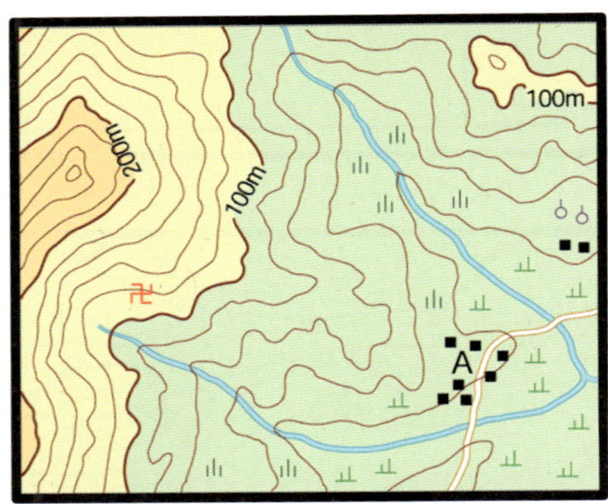


『등 고 선』

## 2 등고선의 종류

### 가. 개 요

1) 등고선이란, 동일한 고도를 가진 여러 점을 연결한 지상의 가상선을 나타낸 점의 이음이다.

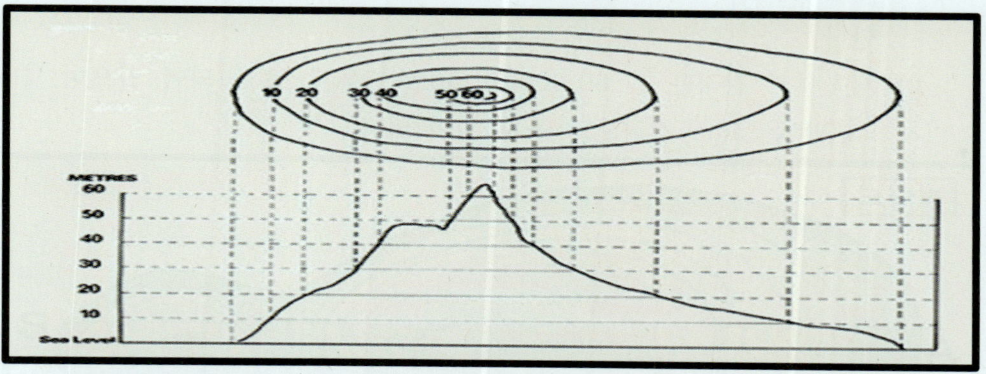


2) 등고선은 계곡선, 주곡선, 보조등고선, 저하등고선, 근사등고선으로 구분하며 등고선별 선의 형태는 아래와 같다.

3) 등고선의 간격은 지도의 축척에 따라 다르며 지도 하단 축척 아래 부분에 있으며 "상주" 교육용 지도 1:50,000을 보면 등고선 간격은 20 미터라고 표기 되어 있다.

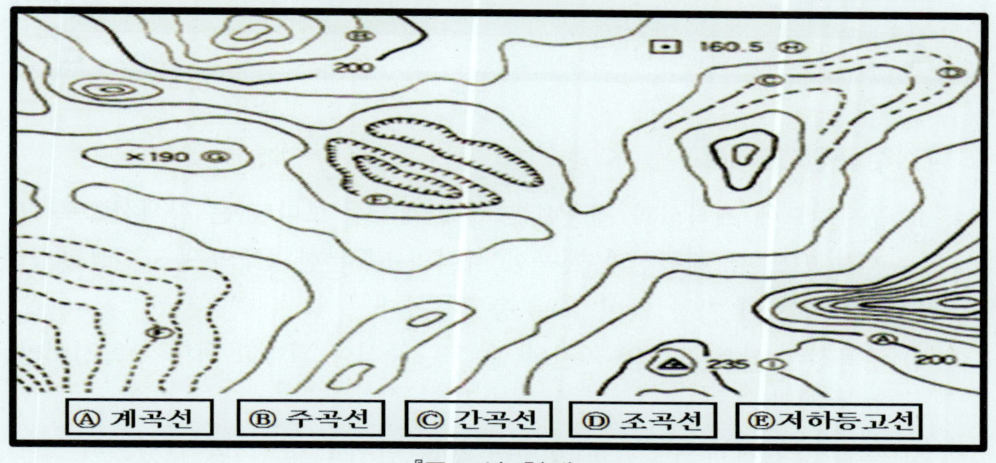


『등고선 형태』

## 가. 계곡선(計曲線)

1) 군사지도에 굵은 갈색선으로 그려져 있으며, 고도 "0"m에서 시작하여 매 다섯 번째 등고선마다 굵은 선으로 그려져 있고 선의 중간 중간에 아라비아 숫자가 기록되어 있어 쉽게 고도를 알 수 있다.
2) 해발의 표고를 계산하기 위한 등고선이란 의미에서 계곡선이라고 한다.
3) 계곡선의 간격은 1: 50,000은 100m 단위로 표시 되어 있으며, 1: 25,000은 50m 간격으로 표시 되어 있다.

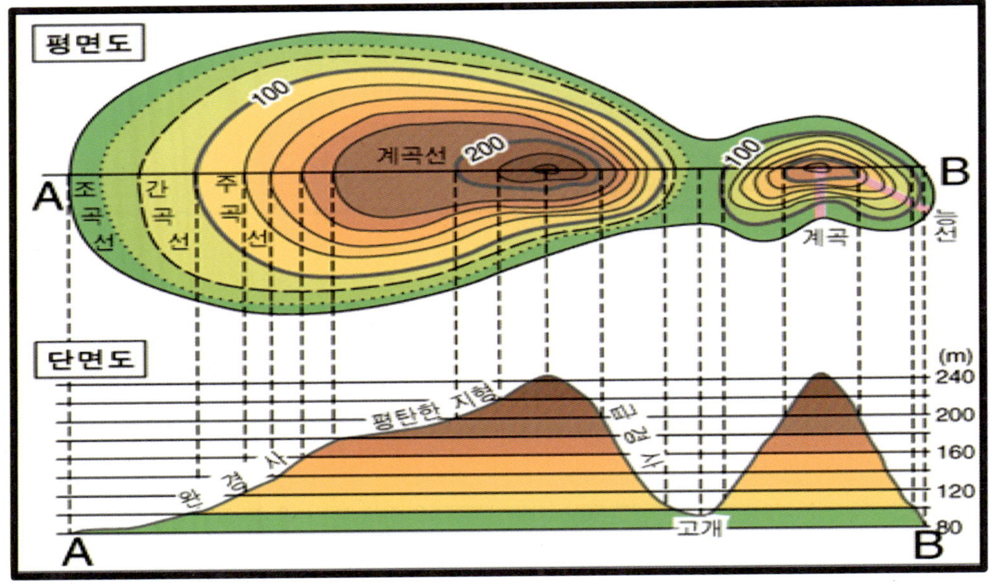


## 나. 주곡선(主曲線)

1) 군사지도에 계곡선과 계곡선 사이에 계곡선 보다 가는 갈색선으로 그려져 있으며, 계곡선과 계곡선 사이의 5등분한 4개의 등고선으로 그려져 있으며 가장 많이 쓰는 등고선이다.
2) 주곡선은 기복 표현의 기간(基幹) 즉, 중심이 된다고 하여 주곡선이라고 한다.
3) 주곡선의 간격은 1 : 50,000은 20m 단위로 표시 되어 있으며, 1 : 25,000은 10m 간격으로 표시 되어 있다.

## 다. 보조 등고선(補助 等高線)

1) 보조 등고선은 계곡선 및 주곡선으로 고도와 기복을 정확하게 나타내지 못할 경우에 사용하며 통상 평지에서 사용한다.

2) 보조 등고선은 간곡선과 조곡선으로 구분한다.

가) 간곡선은 주곡선 간격으로 지형이 나타낼 수 없을 때 부분적으로 사용하는 갈색 점선으로 주곡선 간격의 1/2로 표시한다.

나) 조곡선은 지형이 완만한 곳이나 평탄한 지형에서 지형을 파선으로 표시하며 주곡선과 간곡선 간격의 1/2로 표시한다.

## 라. 저하 등고선(低下 等高線)

1) 저하 등고선은 움푹 들어간 지형(한라산 산 백록담, 백두산 천지)으로 지형의 깊이와 저하 지점을 나타내는 등고선이다.

2) 저하 등고선의 표시 방법은 갈색 등고선에 저하  방향으로 작은 눈금을 표시한다.

3) 저하 등고선의 표시 간격은 주곡선과 동일하게 1:50,000 지도에서는 20m, 1 : 25,000지도에서는 10m로 표시한다.

『한라산 백록담 : 저하 지형』

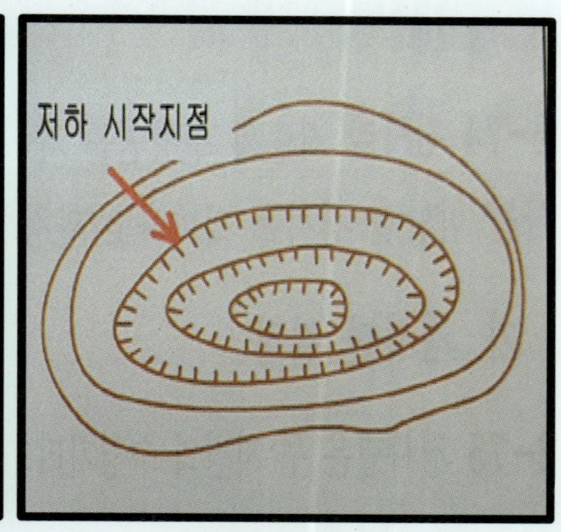


『저하 등고선』

## 3 등고선에 의한 고도 결정

### 가. 등고선상 일 경우

1) 확인하고자 하는 지점에서 가장 가까운 숫자가 기록된 등고선의 고도나 가장 가까운 계곡선을 찾아 고도를 결정한다.
2) 확인하고자 하는 지점 사이의 등고선 숫자를 확인하여 등고선 간격(1 : 50,000 : 20m, 1 : 25,000 : 10m)을 곱한다.

### 나. 등고선과 등고선 사이에 있을 경우

1) 확인하고자 하는 지점이 등고선과 등고선 사이에서 1/4~3/4 지점일 경우에는 등고선 간격의 1/2을 가감한다.
2) 확인하고자 하는 등고선의 간격이 상, 하로 1/4미만 지점은 가장 가까운 등고선 고도와 동일하게 고도를 적용한다.

### 다. 저하 등고선 일 경우

1) 저하 등고선의 고도는 저하 등고선과 가장 가까운 등고선과 동일하게 고도를 적용 한다.
2) 저하 지점의 고도는 등고선 사이에 위치한 지점과 동일하게 고도를 적용하고 최초 저하지점의 저하 등고선에서 저하 등고선 숫자를 계산하여 고도를 감한다.

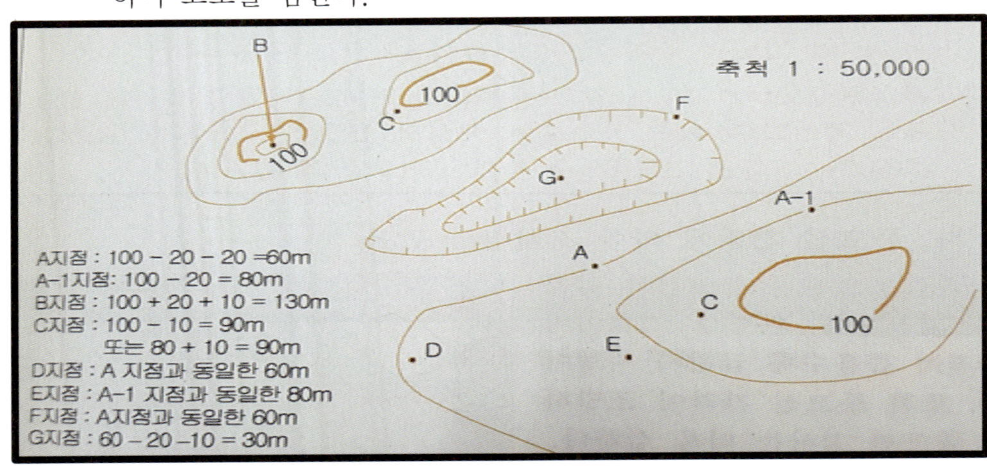


『등고선에 의한 고도 결정 "예"』

# 제3절 기 복

기복이란 지형의 모양 및 높이와 지형의 특징을 표시한 것으로 기복에는 고지, 능선, 지맥, 계곡, 소계곡, 안부, 함몰지, 성토지, 절토지, 절벽 등이 있다.

## 1 고 지

가. 산이라고도 하고 주변 지형보다 높은 지형으로 사방으로 경사진 높은 한 지점이나 지역을 고지라고 한다.

나. 고지는 주변 관측이 용이하고 지휘 통제 및 통신에는 유리하나 적에게 노출이 되는 약점이 있다.

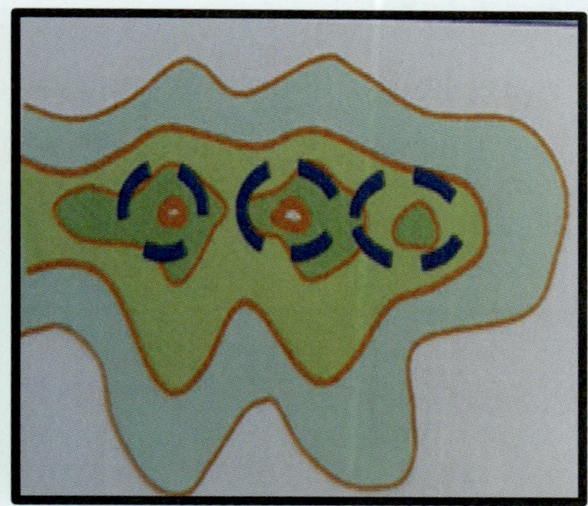

## 2 능 선

가. 능선은 고지와 고지를 연결하는 산등성이로 산줄기라고 한다.

나. 산줄기를 따라 계속 이어진 봉우선으로 고지와 고지가 이어진 형태이다.

다. 능선은 종격식 능선과 횡격실 능선으로 구분하고, 진행 방향으로 평행한 능선을 종격실 능선이라고 하고 진행 방향에 수직일때는 횡격실 능선이라고 한다.

라. 능선은 이동시에 방향유지에는 유리하나 공제선[7]에 노출되어 기도 비닉이 제한된다.

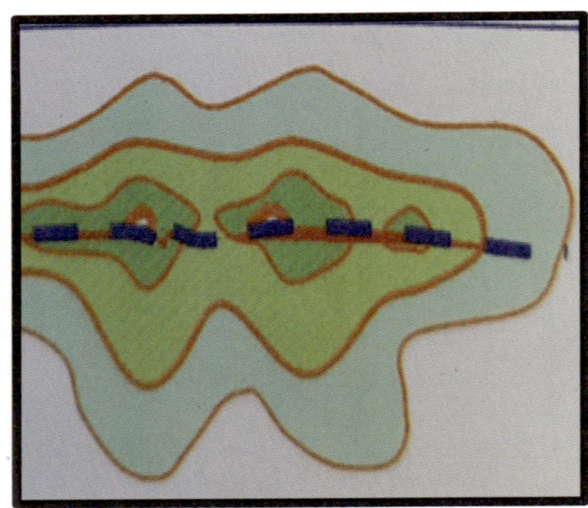

## 3 지 맥

가. 지맥이란 능선에서 측면으로 뻗어 나온 산줄기선으로 등고선의 형태는 고지를 중심으로 아래로 뻗어 있는 모양이다.

나. 지맥은 능선의 측면 아래로 소 계곡을 이루는 형태로 이동 및 방향 유지시 활용하고 계곡보다 관측에 유리하다.

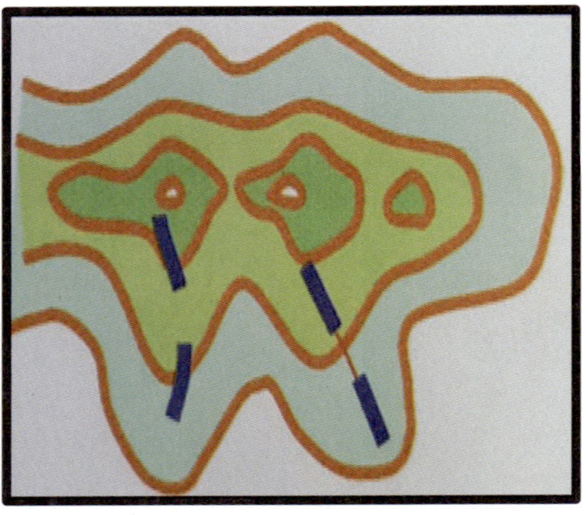

7) 하늘과 지형이 맞닿아 경계를 이루는 선으로 이는 통상 산이나 능선과 같이 비교적 높은 지대의 정상점의 연속선으로 이곳에 서 있는 인원이나 기타 장비 등은 육안으로 쉽게 발견되므로 군사적으로 중요하다.

## 4 계　곡

가. 계곡이란 2개 이상의 산 사이에서 물이 흐르는 골짜기로 능선과(지맥과 지맥) 능선 사이에 형성된 골짜기이다.

나. 계곡은 은폐 및 엄폐를 제공하고 자연 장애물의 역할을 하는 장점이 있으나 기동에 불리하고 양쪽에 지맥이 있어 관측이 제한된다.

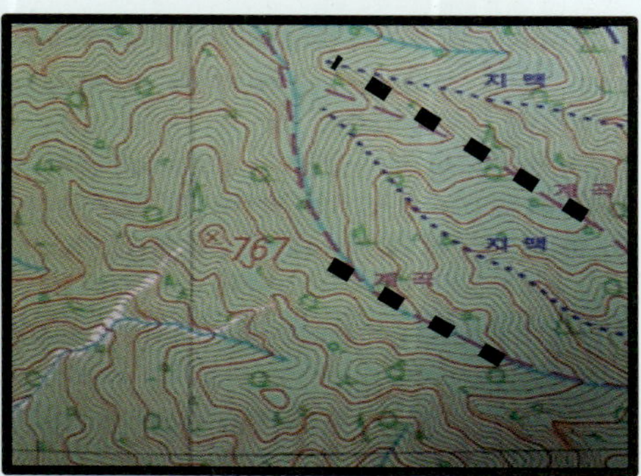


## 5 소계곡

가. 소계곡이란 계곡을 연하여 형성된 작은 골짜기이다. 즉 2개의 산 사이에 형성된 작은 계곡이다.

나. 소계곡의 등고선에 모양은 V형이고 V의 끝 부분이 소 계곡의 상류쪽을 향하고 있다.

## 6 안 부

가. 안부란 2개의 봉우리 사이의 낮은 등성이[8])로 안부는 통상 능선을 연해서 동일한 높이거나 또는 낮은 산등성이를 말하며 산의 능선이 낮아져서 말의 안장 모양으로 된 곳이다.

나. 안부는 지형이 모양이 말의 안장의 형태와 유사하고 등고선의 모양은 고지와 고지사이에 잘룩하게 그려진 형태이다.

다. 산을 넘는 교통로는 대체로 안부를 이용하며, '고개'라고 한다. 특히 현 위치에서 다른 지점으로 이동시에 안부지형으로 이동시에는 방향탐지 및 유지에 유리하다.

## 7 함 몰 지

가. 함몰지는 주변 지형보다 낮은 저지 또는 움푹 들어간 지형이다.

나. 지도상에서 함몰지 표시는 함몰이 시작되는 지점에서 저하 등고선을 표시한다.

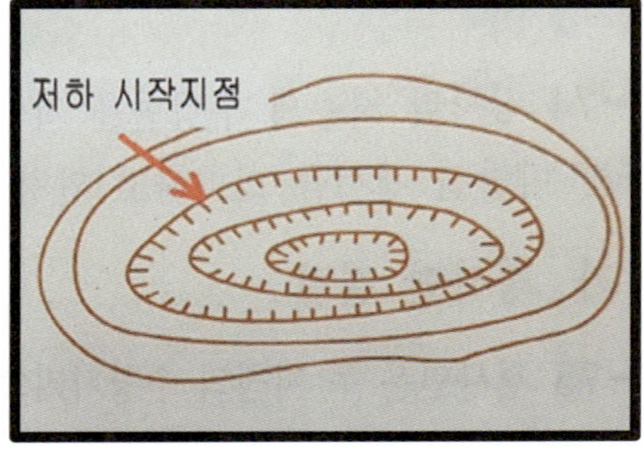


8) 사람이나 동물의 등마루가 되는 부분이다.

## 8 절토지, 성토지

가. 절토지는 도로, 철도, 건물 등을 만들기 위해서 땅 또는 암석을 깎아낸 지역이다.

나. 성토지는 절토지와 반대로 낮은 지형을 메워서 도로, 철도, 건물 등을 설치할 수 있도록 축제한 지역이다.

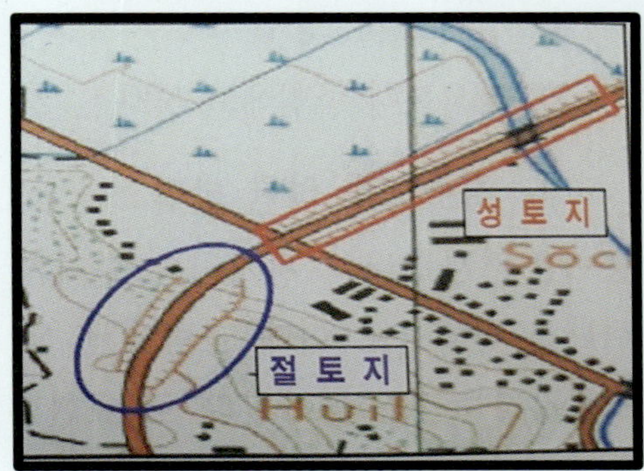

## 9 절 벽

가. 절벽은 수직 또는 수직에 가까운 경사지대로 통상 낭떠러지라고 한다.

나. 지도상에서 절벽 표시는 등고선이 한 곳에 합쳐지는 형태로 나타나게 되어 절벽의 낮은 방향으로 일정한 선을 긋는다.

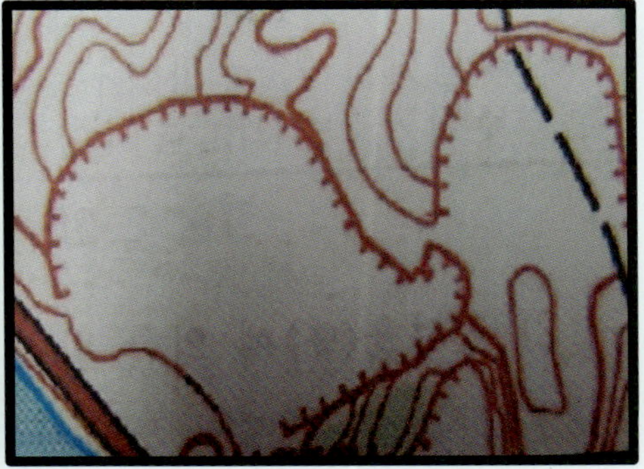

# 제4절 배수지물

## 1 개 요

가 . 배수지물(排水地物)이란 육지에 자연적, 인공적으로 물이 있는 지형지물을 말한다.

나. 배수지물은 영구적인 곳, 간헐적인 곳, 건조한 곳으로 구분한다.

1) 영구적인 곳 : 연 평균 6개월 이상 물이 고여 있는 곳
2) 간헐적인 곳 : 연 평균 6개월 미만 물이 고여 있는 곳
3) 건조한 곳 : 물이 거의 없거나 단기간만 일시적으로 물이 있는 곳

## 2 배수지물 표시

### 가. 해안선

1) 조수 간만의 차이가 있는 곳으로 만조시에 최고 수위까지 물이 있는 곳으로 지도상에 표시한다.
2) 조수 간만의 차이가 없는 곳은 연중 6개월 이상 계속되는 수면을 물의 평상 수위로 적용하여 표시한다.
3) 해안선의 조수 간만의 차이가 있는 지역은 최고 수위와 육지가 만나는 선을 지도상에 표시한다. 조수 간만의 차이가 없는 곳은 연중 6개월 이상 계속되는 물의 평상 수위와 육지가 만나는 선을 지도상에 표시한다.

### 나. 호수, 저수지, 하천

1) 영구적인 호수 및 저수지, 하천 등은 연중 6개월 이상의 평상 수위로 표시한다.
2) 간헐적인 호수나 저수지, 하천은 연중 6개월 이하 기간 동안 물이 있는 지물의 외곽선까지 표시하여 범례에 규정된 기호로 표시한다.

| 배수 | 영구적 Perennial | 간헐적 Intermittent |
|---|---|---|
| 천: | | |
| 폭 25미터 미만 | | |
| 폭 25 미터이상 | | |
| 도랑: | 도랑 Ditch | 도랑 Ditch |
| 폭 25미터 미만 | | |
| 샘 | | |
| 우물 | | |
| 호수 | | |
| 늪: | | |
| 상습침수지 | | |
| 천: 소멸: | | |
| 소산 | | |

『출처 : 배수지물 범례 상주 1:50,000 지도』

# 제5절 좌　표

## 1 개　요

가. 좌표란 직선이나 평면, 공간에서 임의의 지점이나 위치를 확인하고 나타내기 위해 문자나 수의 표준이 되는 도표를 말한다.

나. 좌표의 용도는 지구상의 어떠한 지점이나 위치를 식별하고 나타내기 위해서 사용한다.

다. 좌표 표기 방법에는 지리좌표와 군사좌표가 있다.

## 2 지리 좌표

### 가. 개　요

1) 타원체 모양의 지구상에서 모든 지점의 위치를 식별하고 나타내는 좌표체계이며, 지도상에서 정확한 위치는 경도선과 위도선의 교차점으로 표시한다.

2) 위도(latitude)와 경도(longitude)는 지표상의 특정 지점의 위치나 장소를 나타내기 위해 사용되는 좌표체계이다.

3) 경도선은 본초자오선[9]을 중심으로 남에서 북으로 구분한 세로선이고, 위도선은 적도[10]를 중심으로 동에서 서로 구분한 가로선이다.

4) 경도선과 위도선의 측정 단위는 60진법[11]으로 도(°), 분(′), 초(″)로 표기 한다.

5) 군사지도에 지리좌표 표기는 지도의 상, 하 좌우측에 경도와 위도가 도(°), 분(′), 초(″)로 표시되어 있다.

---

9) 60진법은 수를 나타내는 방법의 하나로 60을 한 묶음으로 하여 자리를 올려가는 방법이다.

10) 적도(赤道)는 지구 중심을 통과하는 지구의 자전축에 수직으로 지표를 나누는 선을 말한다. 적도는 북극점과 남극점에서 같은 거리에 있다.

11) 60진법은 수를 나타내는 방법의 하나로 60을 한 묶음으로 하여 자리를 올려가는 방법이다.

6) 군사지도의 지리좌표 판독은 지도의 네 모서리에 있는 지리좌표에 상 · 하, 좌 · 우 외곽선을 따라 일정한 간격으로 작은 십자선(+)표시가 지도 안쪽으로 표기되어 있다.
이 십자선을 네 모서리에 있는 경도선과 위도선을 기준으로 판독하면 된다.

## 나. 경도선

1) 경도선은 아래 그림에서 보는 바와 같이 남극을 중심으로 동경과 서경(수직, 횡)으로 위치를 표시한다.

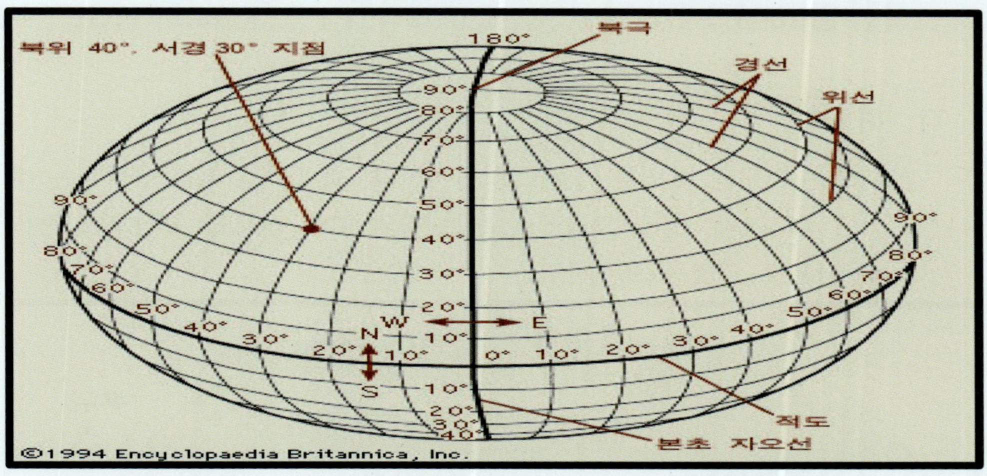


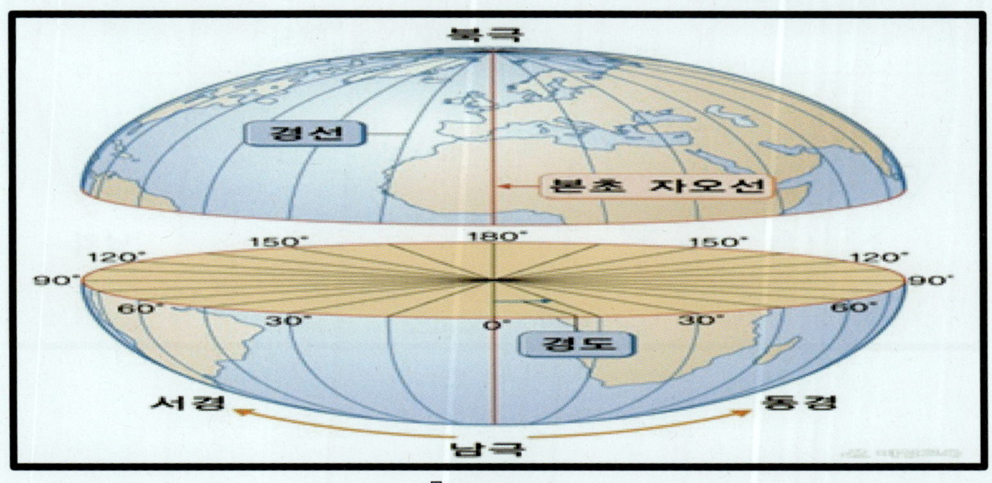


『경 도 선』

2) 경도선은 본초자오선(영국의 그리니치 천문대)을 0°로 하여 적도를 동, 서로 각각 180등분한 후 남극과 북극을 연결한 선으로 서쪽과 동쪽의 위치를 측정하는 선이다.
3) 본초자오선을 중심으로 동쪽을 동반구라 하고 동경 0°-180°로 구분하고, 서쪽을 서반구라 하며 서경 0°-180°로 구분한다.
4) 경도 1°의 간격은 적도에서 가장 넓은 113.32Km이며, 북위 30° 지역은 85.3Km가 되고 양극에서는 0Km이다.
5) 상주 1:50,000 교육용지도를 보면 하단 좌측에 경도선은 129° 42′ 21.5″, 하단 우측에 경도선은 130° 00′ 23.4″로 표기되어 있다.

## 다. 위도선

1) 위도는 지구의 적도를 기준으로 한 남쪽과 북쪽의 위치를 나타내는 것으로 위도선은 아래 그림에서 보는 바와 같이 적도를 중심으로 북위와 남위로 위치를 표시한다.

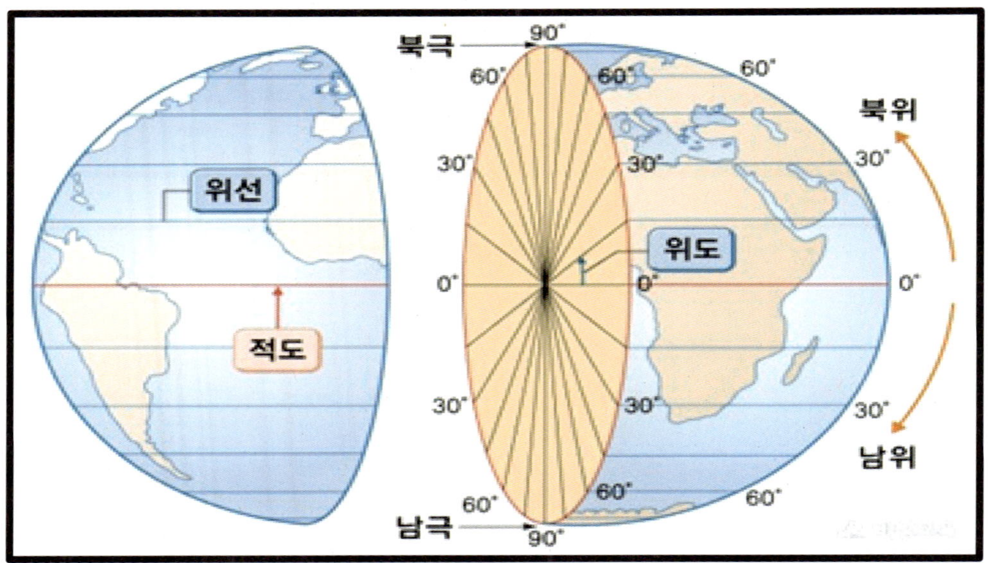


『위 도 선』

2) 위도선은 적도를 중심으로 남극과 북극(수평, 종)으로 각각 90등분한 후 평행하게 연결한 선이다.
3) 적도를 중심(0°)으로 북쪽지역을 북반구라고 하고 북위 0°-90°로 표시하고, 남쪽지역을 남반구라고 하고 남위 0°-90°로 표시한다.
4) 위도 1° 간격(남, 북 방향의 거리)은 110.56km이다.
5) 상주 1:50,000 교육용지도를 보면 하단 좌측측에 위도선은 36° 15′ 10.8″, 상단 좌측에 위도선은 36° 30′ 10.6″로 표기되어 있다.

## 3 군사 좌표

### 가. 개 요

1) 군사좌표는 지리좌표를 기초로 군사적으로 활용하기 위해서 미터(M)법을 적용한 WGS-84 좌표 체계이다.
2) 군사좌표는 각 구역에 " 52S DE 249 657"놔 같이 고유 숫자와 영문자를 부여하여 위치를 나타낸다.

### 나. 군사지도에 적용하는 투영법

#### 1) 횡단 마케이터 투영법

가) 1948년 미 육군성에서 군사지도 제작을 목적으로 남위 80°-북위 84° 지역을 나타내는 UTM(만국 횡단 마케이터식 좌표) 좌표 체계와 남위 84° 이남 지역과 북위 84° 이북지역을 나타내는 UPS(만국 극입체화법식) 좌표체계를 조직하였다.
나) UTM좌표 체계는 미국, 한국 등의 군사지도에 적용된 좌표체계이다.

#### 2) 마케이터 투영법

1596년 지리학자 마케터가 고안한 투영법으로 남위 15°로부터 북위 15°지역에서 주로 적용하는 투영법이다.

### 3) GK 투영법

타원체에 투영을 하고 평면상에 투영을 하는 이중 등각 투영을 하는 방법으로 러시아, 북한에서 지도 제작시 적용하는 투영법이다.

## 다. 군사좌표 체계

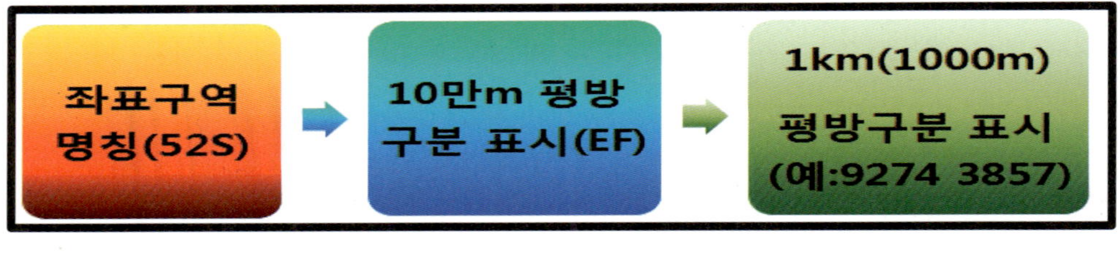


### 1) 좌표구역 명칭

가) 1 : 50,000 "상주" 교육용 지도 하단 중앙에 보면 "52S"가 표기 되어 있는 데 이것은 경도 6° 위도 8° 크기로 우리나라 지역의 좌표구역 명칭이다.

#### 나) 좌표구역 명칭 부여

(1) 좌표구역 명칭 부여는 경도 360°를 6° 간격으로 구분하여 숫자를 부여한 60개 구역과 위도 164° 지역을 8°, 12°로 구분한 후 영문자를 먼저 "우로 읽고 쓰고", 횡열선인 영문자를 나중에 "읽고 쓰는" 순으로 구성한다.

(2) 52S 구역은 동경 126°-132°지역을, S구역은 북위 32°-40°지역에 부여된 숫자와 영문자이며 52S는 종열선 52를 먼저, 횡열선 영문자 S를 나중에 읽고 쓰는 순으로 숫자, 영문자를 결합한 좌표구역 명칭이다.

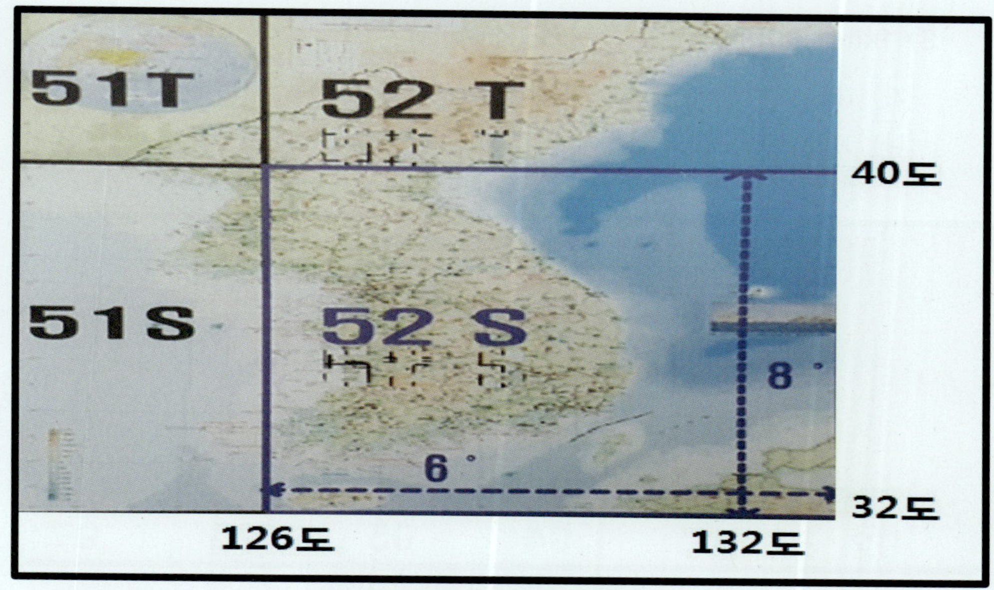


『대한민국 좌표구역 명칭』

### 2) 10만 m 평방 구분 표시

가) 10만m(100km) 단위로 2개의 영문자로 구분하여 표시하고 난외주기 하단 중앙에 표시되어 있다.

나) "상주" 1 : 50,000 교육용 지도의 10만 m 평방 구분 표시는 "EF"이다.

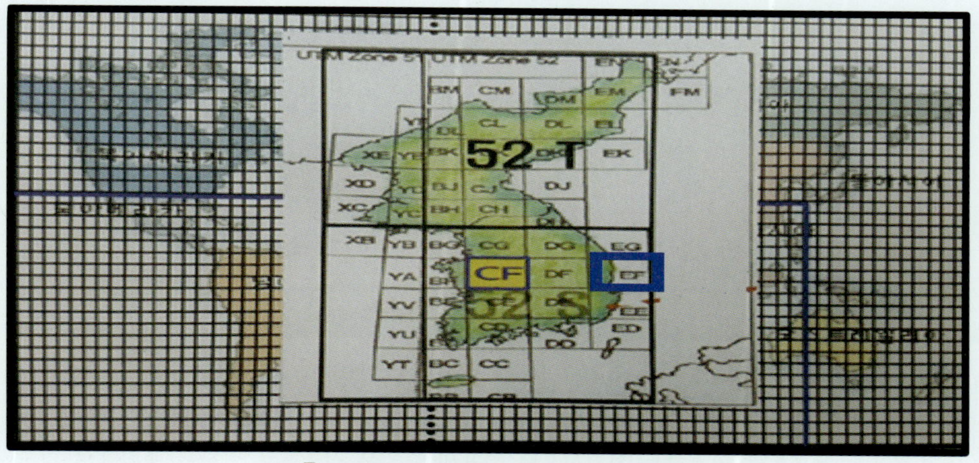


『10만 m 평방 좌표구역 명칭』

### 3) 1km(1,000m) 평방 구분 표시

가) 1km(1,000m) 평방 구분 표시는 방안 단위로 구분하여 표시한다.

나) 1km(1,000m) 평방 구분 표시는 아래 그림에서 보는 바와 같이 9479□으로 표기한다.

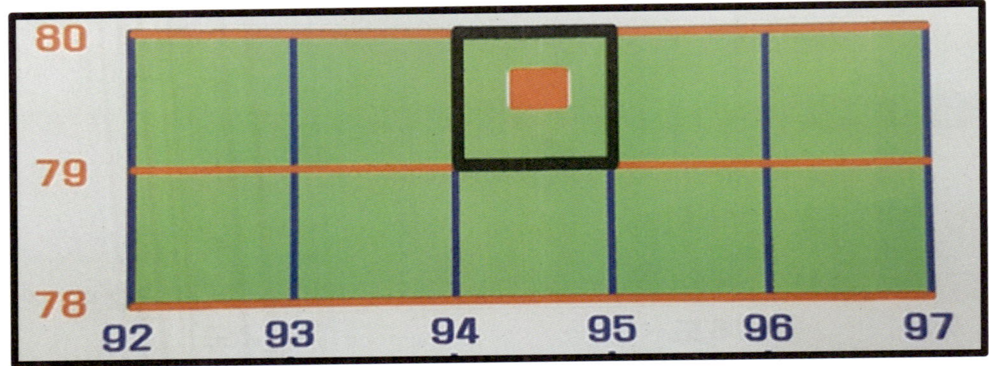


## 라. 군사좌표 판독 방법

### 1) 군사좌표 판독 순서

가) 군사지도의 좌표 판독은 "횡좌표"[12]를 먼저 읽고 "종좌표"[13]를 나중에 읽는다.

나) 횡좌표는 "좌"에서 우로 읽고, 종좌표는 하에서 "상"으로 읽는다.

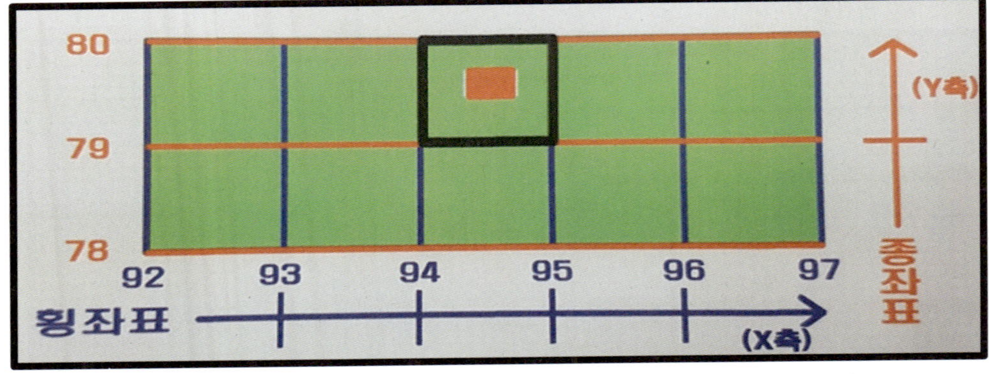


12) 횡좌표는 남, 북으로 연결하는 종열선으로 좌표의 수치는 좌에서 우로 변하는 횡좌표이다. 지도에는 상, 하단 여백에 좌에서 우로 변하는 숫자로 표기되어 있다.

13) 종좌표는 동, 서를 연결하는 횡열선으로 좌표의 수치는 상, 하로 변하는 종좌표로 지도에는 좌, 우 여백에 아래에서 위로 변하는 숫자로 표기되어 있다.

## 2) 군사좌표 단계 구분

### 가) 4단계 좌표

| 4계단 좌표<br>(9274□) | 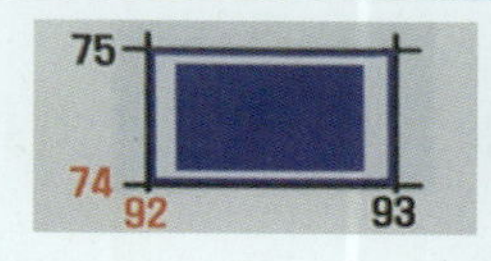 | 대략적인 위치 식별<br>(1,000m*1,000m) |
|---|---|---|



(1) 4단계 좌표는 1,000×1,000m 방안에 대해 대략적인 위치를 식별할 때 사용한다.

(2) 4단계 좌표 표기는 10만m 평방 구분 표시인 2개의 영문자와 횡좌표, 종좌표선에 부여된 4개의 숫자를 결합하여 표시한다.

(3) 상주 1: 50,000 교육용 지도에서 524(국사봉)고지를 4단계 좌표로 판독시에는 10만m 평방 구분 표시인 "EF"를 먼저 읽고 다음에는 횡좌표인 72를 읽고 그 다음에 종좌표인 26을 읽으면 된다.

(4) 따라서 524(국사봉)고지의 4단계 좌표는 "EF 7226□"으로 읽으면 된다.

### 나) 6단계 좌표

| 6계단 좌표<br>(925747) | 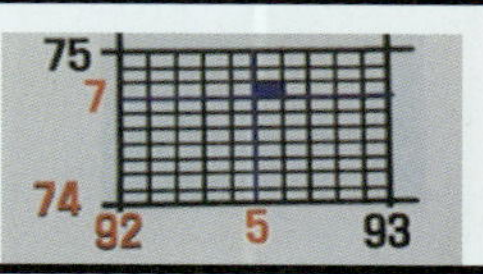 | 일반적인 위치 식별<br>(100m*100m) |
|---|---|---|



(1) 6단계 좌표는 100×100m 방안에 대해 일반적인 위치를 식별할 때 사용한다.

(2) 6단계 좌표 표기는 10만m 평방 구분 표시인 2개의 영문자와 횡좌표 선 3개, 종좌표선에 부여된 3개의 숫자를 결합하여 6개의 숫자로 표시한다.

(3) 상주 1:50,000 교육용 지도에서 524(국사봉)고지를 6단계 좌표로 판독에는 10만m 평방 구분 표시인 "EF"를 먼저 읽고 다음에는 횡좌표인 725를 먼저 읽고 그 다음에 종좌표인 269을 읽으면 된다.

(4) 따라서 524(국사봉)고지를 6단계 좌표는 "EF 725269"로 읽으면 된다.

### 다) 8단계 좌표

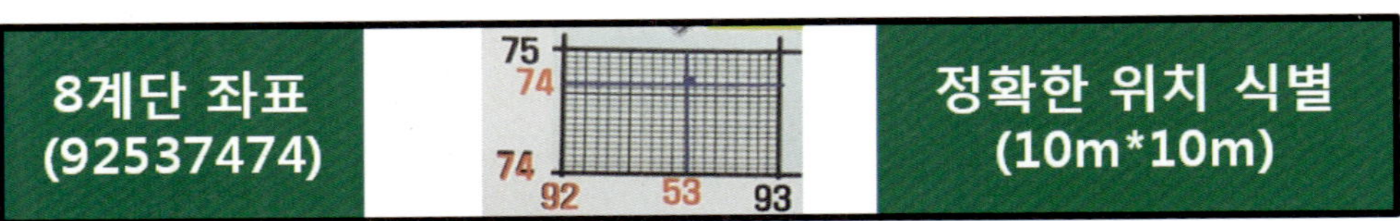


(1) 8단계 좌표는 1×1m 방안에 대해 정확한 위치를 식별할 때 사용한다.

(2) 8단계 좌표 표기는 10만m 평방 구분 표시인 2개의 영문자와 횡좌표 선 4개, 종좌표선에 부여된 4개의 숫자를 결합하여 8개의 숫자로 표시한다.

(3) 상주 1 : 50,000 교육용 지도에서 524(국사봉)고지를 8단계 좌표로 판독시에는 10만m 평방 구분 표시인 "EF"를 먼저 읽고 다음에는 횡좌표인 7255를 읽고 그 다음에 종좌표인 2690을 읽으면 된다.

(4) 따라서 524(국사봉)고지를 8단계 좌표는 "EF 72552690"으로 읽으면 된다.

(5) 1:25,000 지도에서 도상거리(지도상 거리)를 8계단 좌표로 산출시에는 0.4로 나누고(÷), 1:50,000 지도에서 도상거리를 8계단 좌표로 산출시에는 0.2로 나눈다.

(6) 1:25,000 지도에서 8계단 좌표위치의 거리를 도상거리로 산출시에는 0.4를 곱하고(×), 1:50,000 지도에서 도상거리로 산출시에는 0.2를 곱한다.

Chap. 4

# 축척 및 거리

## 학습목표

1. 축척의 의미와 축척의 표시방법을 이해하여야 한다.
2. 군사지도에서 도상거리를 적용한 지상거리 측정을 할 수 있어야 한다.
3. 군사지도 하단의 난외주기의 도표척도를 이해하고 도표척도를 이용해서 직선거리를 측정 할 수 있어야 한다.

## 제1절 개 요

1 지도는 타원형체의 지구표면의 전부 또는 일부를 일정한 크기로 축소하여 도식한 것으로 지상거리에 대한 도상거리의 비율이 축척이다.

2 지도의 축척은 통상 소축척지도와 대축척 지도로 구분한다. 소축척지도는 전국을 전체적으로 표현한 지도이고, 대축척지도는 한 지점의 골목길까지 자세히 보여주는 지도이다.

3 지도상의 거리를 도상거리하고 한다. 도상거리는 축척에 따라 실제 거리인 지상거리로 계산할 수 있다.

## 제2절 축척과 면적

1 지도의 축척은 지표상의 실제거리를 일정한 비율로 줄여서 나타낸 것이기 때문에 길이의 비율이지 면적의 비율은 아니다. 즉 면적은 거리의 제곱에 비례하기 때문이다.

2 예를 들면 1 : 25,000 지도의 1도엽은 1 : 50,000 지도 2 도엽이고 1 : 100,000 지도 1도엽은 1 : 25,000지도 4도엽이 된다.

# 제3절 축척 표시

**1** 축척(Representative)의 표시는 지상거리(GD : Ground Distance)에 대한 도상거리(Map Distance)의 비율로 통상 분수로 나타낸다.

**2** 축척의 표시는 어떠한 축척 단위를 사용하여도 항상 도상거리를 1로 나타낸다. 즉 축척 1:50,000 지도에서 1은 지상거리 50,000과 동일하다는 것을 의미한다.

**3** 축척의 표시 방법은 비례법, 분수법, 축척 도표법으로 구분한다.

| 구분 | | | |
|---|---|---|---|
| 비례법 | 1:5,000 | 1:25,000 | 1:50,000 |
| 분수법 | $\frac{1}{5,000}$ | $\frac{1}{25,000}$ | $\frac{1}{50,000}$ |
| 축척 도표법 | 0 50 100m | 0 250 500m | 0 0.5km 1km |

## 4 축척 구분

가. 지도의 축척(Representative)의 구분은 통상 대축척, 중축척, 소축적 지도로 구분한다.

| 축척 | 실제거리 | 도상거리 | 비고 |
|---|---|---|---|
| 1:5,000 | 50m | 1cm | 대축적 |
| 1:25,000 | 250m | 1cm | 대축적 |
| 1:50,000 | 500m | 1cm | 대축적 |
| 1:100,000 | 1,000m | 1cm | 중축척 |
| 1:250,000 | 2,500m | 1cm | 소축적 |
| 1:1,000,000 | 10,000m | 1cm | 소축적 |

나. 소축적 지도는 1:50만 보다 작은 비율로 제작된 지도이며 넓은 지역을 지도 한 장에 표현한 지도로 축소율이 적은 지도이다.

| 구분 | 소축척 지도 | 대축척 지도 |
|---|---|---|
| 모습 | 우리나라 전도 | |
| 특징 | 넓은 지역을 간단히 보여 준다. | 좁은 지역을 자세히 보여 준다. |
| 장점 | 전체와 부분과의 관계를 알아볼 수 있다. | 지역과 주변 지역을 자세히 살펴볼 수 있다. |
| 단점 | 지역에 대한 자세한 정보를 얻을 수 없다. | 전체와 부분과의 관계를 파악하기 어렵다. |
| 쓰임새 | 지역의 위치를 파악하는 데 이용된다. | 지역의 영역을 파악하는 데 이용된다. |

다. 중축적 지도는 1:50만에서 7만 5천 사이의 비율로 제작된 지도이다.

라. 대축척 지도는 1:7만 5천 보다  큰 비율로 제작된 지도이며 한 지점을 지도 한 장에 세부적으로 표현한 지도로 축소율이 큰 지도이다.

## 제4절 도상거리를 적용한 지상거리 측정

**1** 지도상에서 두 지점간의 도상거리(圖上距離)를 측정한다.

**2** 지도의 축척 공식을 적용하여 산출한다.

**3** 도상 및 지상거리는 동일한 측정단위가 되도록 환산해서 계산하고 도상거리를 1로 축소하여 적용한다.

**4** 예를 들어 1 : 50,000지도에서 두 지점간의 도상거리에 대한 지상거리를 알고자 할 때는 두 지점간의 거리를 축척의 분모에 곱해주면 된다.

가. 지상거리 = 도상거리 × 축척의 분모

나. 1:50,000축척지도 : 도상거리 4cm×50,000=200,000cm 즉, 도상거리 4cm는 지상거리 200,000cm이다. 이를 m로 환산하면 200,000÷100=2,000m. km로 환산하면 2,000÷1,000=지상거리 2km

예를 들면 1:50,000 지도에서 도상거리가 18mm일 경우에 25를 곱해 주면 450m이다.

다. 1:25,000축척지도 : 도상거리 4cm×25,000=100,000cm 즉, 도상거리 4cm는 지상거리 100,000cm이다. 이를 m로 환산하면 100,000÷100=1,000m. km로 환산하면 1,000÷1,000=지상거리 1km

예를 들면 1;25,000 지도에서 도상거리가 18mm일 경우에 50을 곱해 주면 900m이다.

라. 1:25,000 지도는 25m, 1:50,000 지도는 50m를 곱해 준다.

예를 들면 1:25,000 지도의 A지점에서 B지점까지 도상 거리가 35mm일 때 실 지상거리는 35mm×25m=875m이다.

# 제5절 도표척도를 이용한 지상거리 측정

## 1 개 요

가. 도상 거리를 지상거리로 측정하기 위해서는 지도 난외주기 하단의 도표척도를 사용하는 방법이 있다.

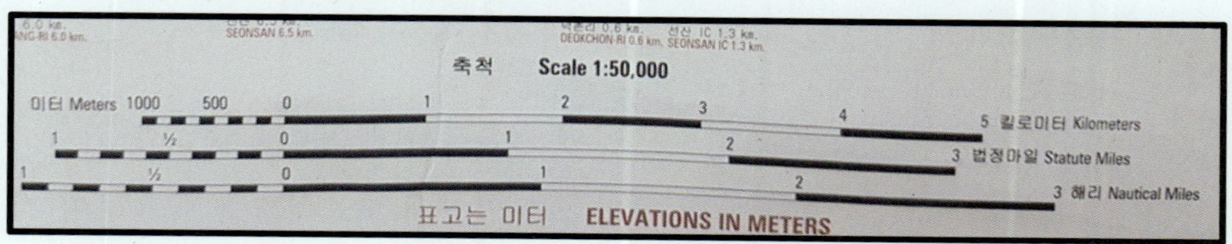


나. 도상거리를 측정하기 위해서는 자와 같은 측정도구를 이용한다. 그러나 측정도구가 없는 상황에서는 지도 난외주기 하단의 도표척도를 이용하면 된다.

다. 도표척도는 도상거리를 실제 지상거리로 환산할 수 있게 지도에 인쇄되어 있는 "자"이다.

라. 도표척도는 미터, 마일, 해리 등의 거리 측정단위로 표시 되어 있다.

마. 도표척도는 측정단위 0을 중심으로 우측으로 Km, 법정마일, 해리 단위로 표시 되어 있는 것이 주척도라고 한다. 0표시 좌측으로 주척도 1/10로 구분되어 있는 것이 부척도이다.

## 2 도표척도를 이용한 직선거리 측정 요령

가. 지도상에서 측정하고자 하는 두 개의 지점을 결정한다.

나. 한 쪽 면이 곧은 종이, 막대, 실 등을 이용하여 두 지점간의 도상거리를 측정한다.

다. 측정된 도상거리를 지도 난외주기 하단의 도표척도를 이용하여 지상거리로 환산 한다.

라. 거리 측정 단위가 미터가 아닌 마일[14]이나 해리[15]로 환산해야 할 경우에는 해당 측정단위의 지도하단의 난외 주기상 도표척도를 적용하여 측정한다.

## 3 도표척도를 이용한 곡선거리 측정 요령

가. 곡선 형태의 지형에 대한 거리를 측정시에는 지도상에서 측정하고자 하는 두 개의 지점을 먼저 결정 한다.

나. 측정하고자 하는 두 개의 지점을 직선으로 곧게 펼쳤을 때의 도상거리를 측정한 후 직선거리 측정 방법과 동일하게 도표척도를 이용하여 지상거리로 환산 한다.

다. 도상에서 곡선 거리를 측정하는 방법은 다음과 같다.

1) 굽은 거리를 따라 실과 같은 도구를 이용해서 도상거리를 측정하고, 실이 없을 경우에는 두 개의 지점을 굽은 곳마다 표시하여 여러 개의 직선 마디로 구분한다.

2) 곡선 형태의 지형에 대한 거리 측정시에는 여러 개의 곡선마다를 구분해서 두 개 지점으로 세분화해서 직선거리로 측정한다.

---

14) 1마일은 1,609m(1.6km)

15) 1해리는 1,852m(1.852km)

Chap. 5

# 방향과 방향각

**학습목표**

1. 방향과 방위각을 이해하고 방향유지 및 방향탐지간에 적용할 수 있어야 한다.
2. 자북, 도북, 진북과 방위각을 이해하고 적용할 수 있어야 한다.
3. 나침반의 명칭을 숙지하고 나침반을 사용할 수 있어야 한다.

# 제1절 방 향

## 1 정 의

가. 방향이란 기준점으로부터 특정 지점에 이르는 방향 또는 쪽으로 방위[16]라고도 한다.

나. 방향을 나타내는 데 기준은 자기 자신이 위치한 지점이나 측정의 중심이 되는 지점이다.

## 2 방향의 구분

방향은 통상 지리적, 개략적, 시계, 정밀 방향으로 구분한다.

**가. 지리적 방향 :** 지리적 방향은 동·서·남·북 4개의 방향으로 구분하고 이를 세분화해서 8개 방향으로도 표시한다.

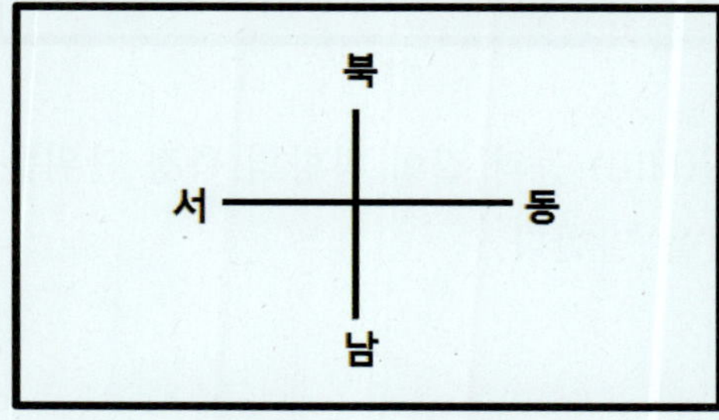


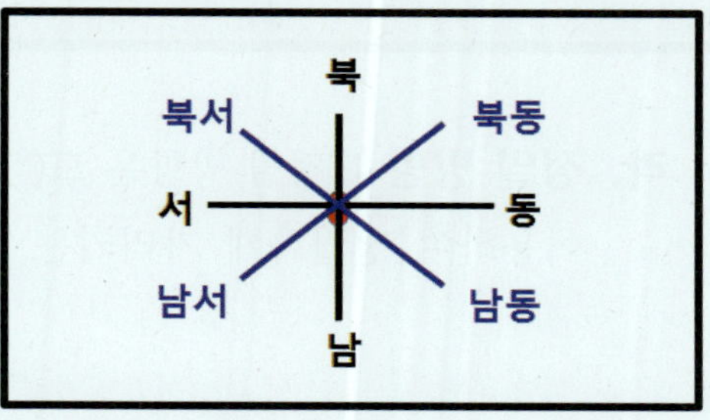


16) 방위란 공간의 어떤 점이나 방향이 한 기준의 방향에 대하여 나타내는 어떠한 쪽의 위치

**나. 개략적 방향 :** 관측자가 서 있는 방향을 기준으로 4개 방향으로 구분하며 앞쪽을 전방, 뒤를 후방, 왼쪽을 좌측방, 오른쪽을 우측방이라고 하고 이를 8개 방향으로 세분화해서 우전방, 우후방, 좌전방, 좌후방으로 구분하고 표시한다.

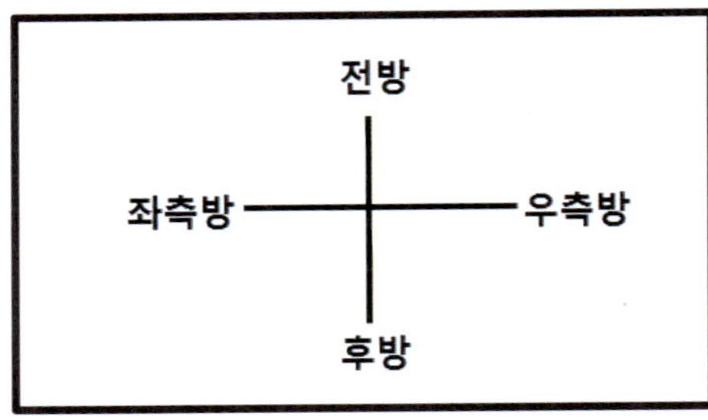


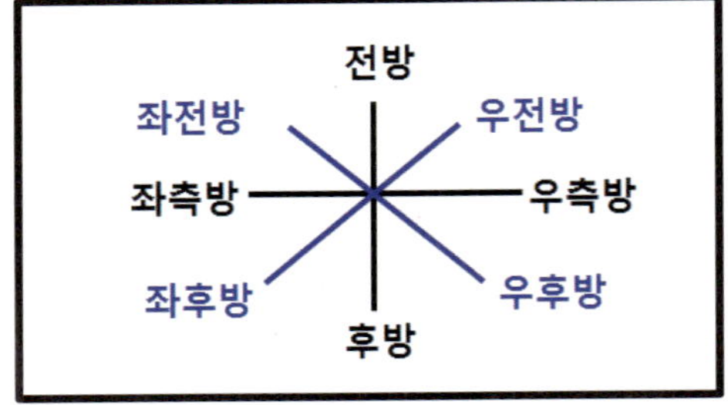


**다. 시계 방향 :** 관측자가 서 있는 방향을 기준으로 12개 방향으로 구분하며 전방을 12시 방향, 우측방을 3시 방향, 후방을 6시 방향, 좌측방을 9시 방향으로 구분하고 표시한다.

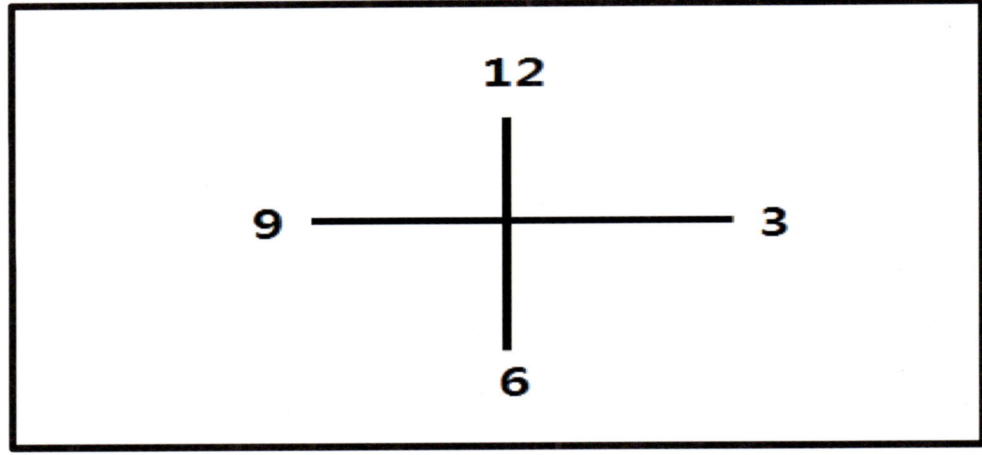


**라. 정밀 방향 :** 정밀 방향은 도(°), 밀(Mill) 등과 같이 방향의 측정 단위를 이용하여 정밀하게 가리키는 방향을 말한다.

1) 도(°) : 원의 둘레를 360등분한 것으로 1도는 다시 60분(′)으로 세분화하고 1분은 60초(″)로 세분화하여 방향을 표시한다. 즉 0°/360° 방향은 전방, 180°방향은 후방, 90°방향은 우측방, 270°방향은 좌측방으로 구분하고 표시한다.

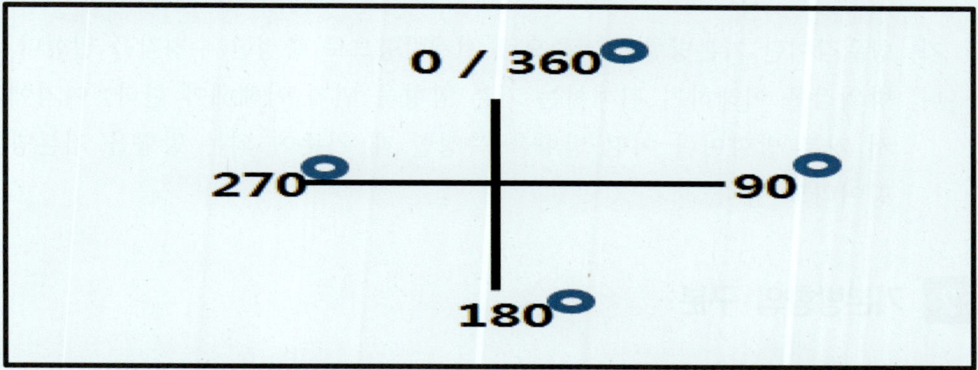


2) 밀(Mill) : 원의 둘레를 6400등분해서 밀(Mill)로써 가리키는 것으로 통상 포병, 전차, 박격포 사격술 등에 적용한다. 즉 0°/6,400밀 : 전방, 1,600밀 우측방, 3,200밀 후방, 4,800밀 좌측방으로 구분하고 표시한다.

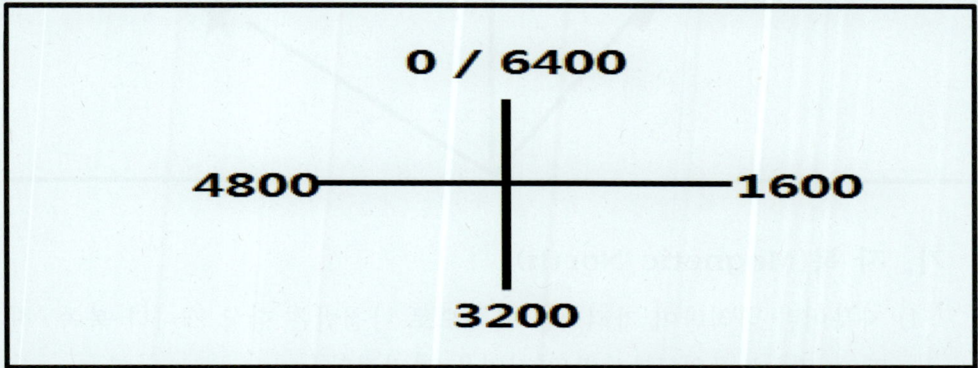


### 3) 그래드(Grad)

가) 그래드는 원의 둘레를 400등분하여 방향을 가리킨다.

나) 1그래드는 100cm로 세분화하고, 1Cm는 다시 10mm로 세분화하여 방향을 가리킨다.

# 제2절 방위각

## 1 개 요

가. 방위각이란 기본방향을 기준으로 시계방향으로 측정한 수평각을 말한다.

나. 방위각을 이해하기 위해서는 기본 방향을 먼저 이해해야 한다. 여기에서 기본 방향이란 어떤 방향을 측정할 때 기준이 되는 방향을 기본방향이라고 한다.

## 2 기본방향의 구분

기본 방향은 북쪽을 기본방향으로 하고 북쪽을 향하는 기본 방향은 자북, 도북, 진북으로 구분 한다.

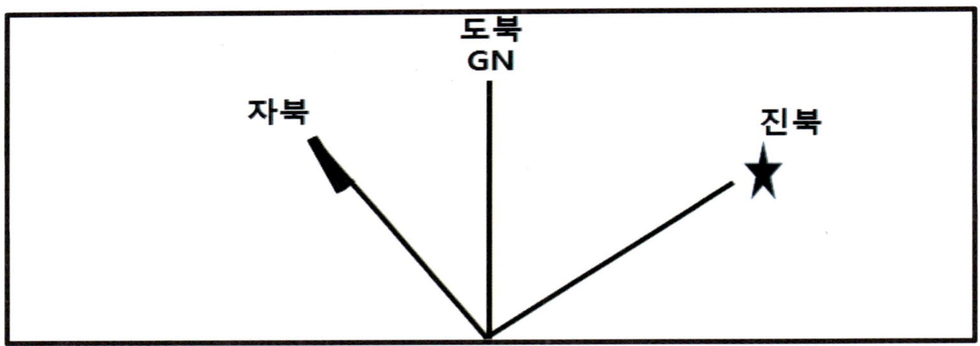


### 가. 자 북(Magnetic North)

1) 자북이란 나침반이 가리키는 북쪽으로 나침반은 항상 캐나다 북쪽 "허드슨 만" 부근의 "부샤반도"지역을 가리킨다.

2) 한반도 지역의 경우는 자북은 항상 도북의 서쪽에 위치하고 자북을 표시하는 기호는 반화살표를 사용 한다.

### 나. 도 북(Grid North)

1) 지도상의 북쪽으로 UTM 좌표 체계에 의한 중앙자오선과 평행하게 그은 횡좌표선의 위쪽 방향으로 지도상에 그어진 경선의 위쪽이 북쪽, 아래쪽이 남쪽이다.
2) 도북은 "GN"이라는 영문자를 사용한다.

### 다. 진 북(True North)

1) 지구의 실제 북쪽방향으로 지구 자전측의 위쪽방향이다. 즉 지리적으로 북극이 위치한 지점으로 지리좌표의 경도자오선이 모이는 점이다. 진북은 북극성을 상징하는 별(★)을 사용한다.
2) 한반도 지역의 진북은 동경 120°~126°의 중앙 자오선인 동경 123°와 129°방향이다.

## 3 방위각의 구분과 방향선

### 가. 방위각의 종류

1) **자북 방위각 :** 자북 방향을 기준으로 측정한 방위각으로 나침반이나 군사지도에 표기된 자북방향을 기준으로 측정한 방위각
2) **도북방위각 :** 도북 방향을 기준으로 측정한 방위각으로 군사지도의 횡좌표선을 기준으로 측정한 방위각
3) **진북 방위각 :** 진북 방향을 기준선으로 측정한 방위각으로 지리좌표의 경도선이나 군사지도에 표기된 진북방향을 기준으로 측정한 방위각

나. 방위각을 측정할 때 방위각이 시작되는 지점을 "원점"이라고 하고 기준선이 "기본 방향선"이 되는 것이다.

## 4 후퇴방위각

가. 방위각은 전방방위각과 후퇴방위각으로 구분한다. 전방방위각이란 기본 방향을 기준으로 측정한 방위각이다.

나. 후퇴방위각은 전방 방위각의 반대방향으로 전방 방위각의 180° 반대방향의 방위각이다.

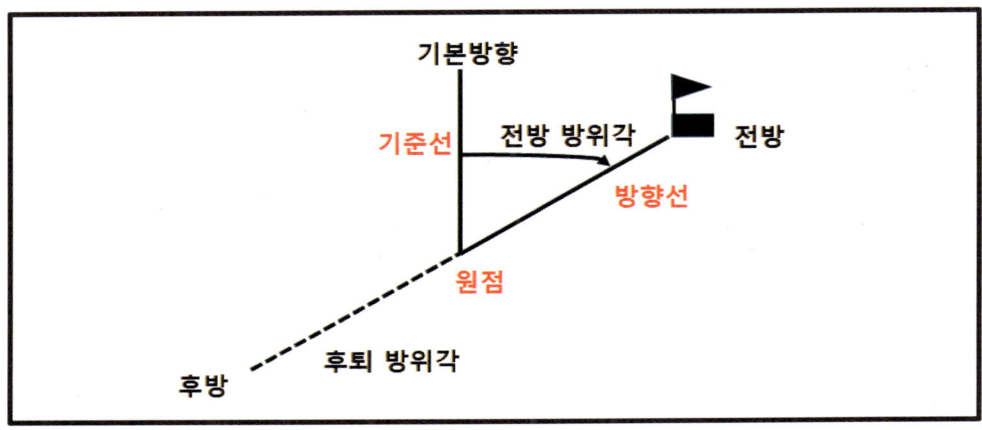


### 다. 후퇴 방위각 산출

1) 후퇴 방위각이 180°보다 작을 경우 180°를 더해 주고 후퇴 방위각이 180°보다 클 경우 180°를 빼준다.

2) 예를 들어 방위각이 112°일 때 후퇴 방위각 계산은 112°+180° = 292°이다.

3) 예를 들어 방위각이 292°일 때 후퇴 방위각 계산은 292°-180° = 112°이다.

### 라. 후퇴 방위각의 활용

1) 방향 유지간 지도에서 자기 위치를 확인 시

2) 방향 유지간 정확한 방향으로 이동하고 있는지 확인 시

# 5 편각 도표

## 가. 편각과 편각도표의 개념

1) 기본 방향을 기준선으로 측정한 자북, 도북, 진북 방위각 사이에는 각도의 차이가 있는 데 이를 "편각"이라 하고 이것을 도표화한 것이 "편각도표"이다.

## 나. 편각의 구분과 개념

1) 편각은 아래 그림에서 보는 바와 같이 도자각, 도편각, 자편각으로 구분한다. 이와 같은 편각 사이의 각도 수치 차이는 지도 하단의 난외주기에 표시되어 있다.
2) 편각 도표는 지도에 표시된 지역의 정확한 자북, 도북, 진북 방향을 제시해 주고 편각 사이의 차이 각이 표기되어 자북 방위각과 도북 방위각을 서로 변경하는 데 이용된다.

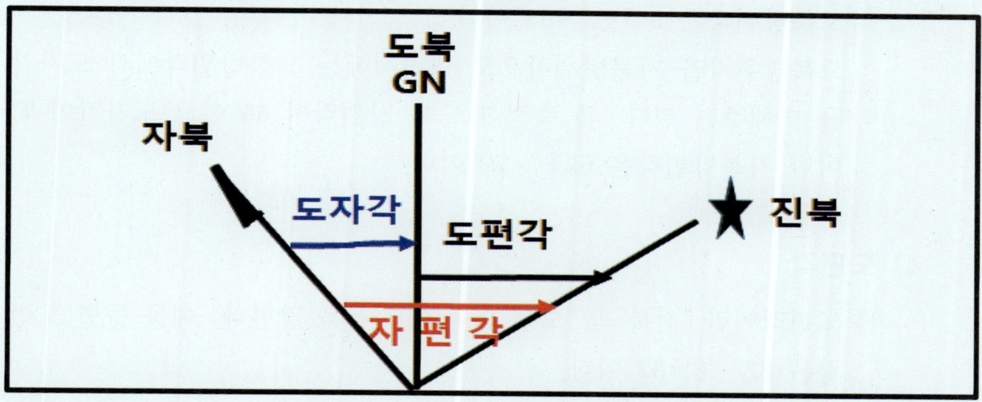


### 3) 도자각

가) 도자각은 도북 방위각과 자북 방위각 사이의 차이 각으로 지도에 표시된  지역의 도자각은 난외주기하단에 편각도표와 같이 수치로 표시되어 있다.

나) 도자각은 지도에서 분도기를 사용하여 측정한 방위각과 실제 지형에서 나침반을 이용하여 측정한 방위각과의 차이 각이다.

다) 도북 방위각을 자북 방위각으로, 자북 방위각을 도북 방위각으로 변경하는 것을 "방위각 변경"이라고 한다.

라) 방위각 변경은 먼저 지도의 나외주기 편각 도표에 제시되어 있는 도자각 수치와 도북, 자북 방위각 중 어느 방위각이 더 큰 방위각인지를 확인하고 도자각 만큼 더해주거나 빼준다. 예를 들면 자북 방위각이 90°일 경우에 도북 방위각과의 차이가 6°일 경우 90°-6°=84°이다.

마) 도자각의 크기는 지역에 따라 차이가 있으며 한반도 지역의 경우는 대략 6°~8°로 표시하고 자북은 항상 도북의 서쪽이므로 항상 자북을 도북 방위각으로 변경하기 위해서는 자북 방위각에서 도자각 만큼 빼주고 도북을 자북 방위각으로 환산하기 위해서는 도북 방위각에서 도자각을 더해주면 된다.

사) 자북 방위각을 도북 방위각으로 변경시에는 자북 방위각에서 도자각을 빼주면 된다. 즉 측정한 방위각이 90°이고 도자각이 7°이면 도북방위각은 90°-7°=83°이다.

도북방위각을 자북방위각으로 변경시에는 도북방위각에서 도자각을 더해주면 된다. 즉 측정한 도북 방위각이 65°이고 도자각이 7°이면 자북방위각은 65+7=72°이다.

### 4) 도편각

가) 도편각이란 "진북"과 "도북"의 차이 "각"을 말한다. 예를 들면 도편각은 83°-1°=82°이다.

### 5) 자편각

가) 자북과 진북의 차이 각으로 진북이 도북의 서쪽에 있을 경우 "도자각"에서 "도편각"을 뺀 값이고, 진북이 도북의 동쪽에 있을 경우에는 "도자각"과 "도편각"을 합한 값이 "자편각"이다. 예를 들면 자편각은 자북이 90°일 경우에 도자각 7°, 도편각 1°를 빼주면 자편각은 82°이다.

# 제3절 방향확인 보조기구

## 1 개 요

가. 군용 나침반의 종류는 M1나침반과 M2나침반이 있다. 본 교재에서는 M1나침반에 대해서만 제시 하였다.

나. 각도기의 종류에는 원형, 반원형, 정방형 등이 있으며, 통상 반원형 각도기를 가장 많이 사용 한다.

## 2 M1 나침반

가. M1 나침반은 방위각 측정, 방향 확인, 방향 유지 시 사용 한다.

나. M1 나침반은 덮개와 몸통으로 구분된다. 주요 명칭은 아래와 같다.

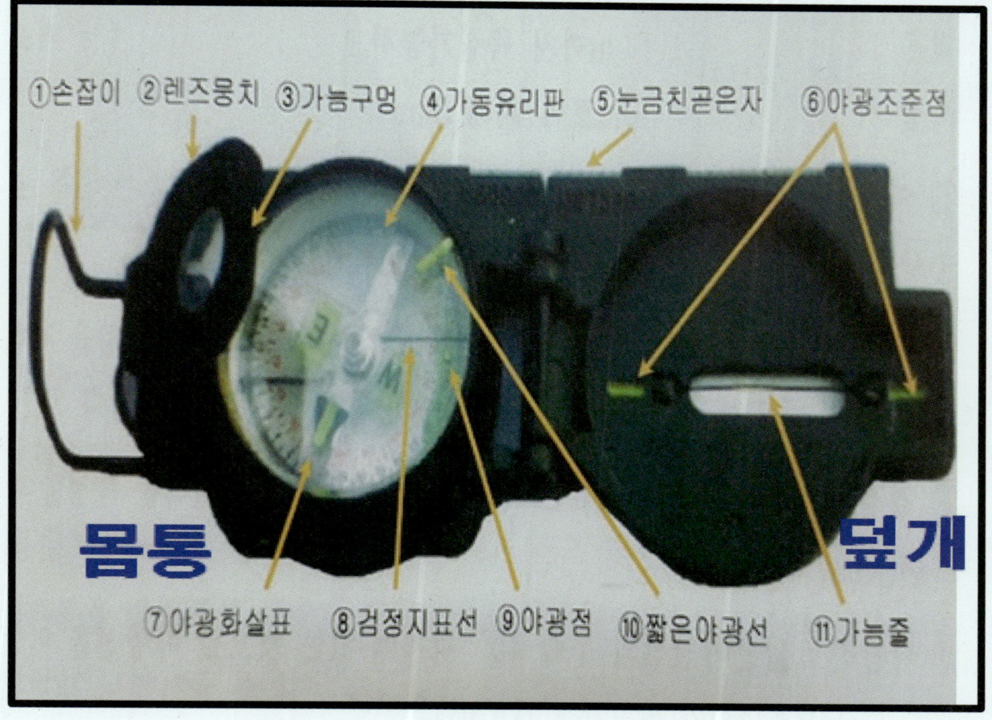

### 1) 손잡이

손잡이는 나침반의 덮개를 고정시키고 있는 "ㄷ"자 형태의 철사이다. 손잡이는 나침반을 사용시에 엄지와 검지를 이용하여 방위각 측정과 방향을 유지하는데 사용 한다. 나침반을 사용후에는 덮개를 닫고 이를 고정시킨다. 나침반을 휴대시에는 분실 방지끈을 연결하기도 한다.

### 2) 렌즈 뭉치

렌즈뭉치는 확대경을 통해 검정지표방위각 측정 및 방향 유지간 선과 일치하는 방위각을 확대하는 기능을 가지고 있으며, 렌즈 뭉치 상단의 일자형 홈이 가늠구멍이다.

### 3) 가동 유리판

가동 유리판은 짧은 야광선과 야광점이 표기되어 있는 회전식 유리판으로 주간 방위각 측정 또는 방향을 확인할 때 사용한다.

### 4) 눈금친 곧은자

눈금친 곧은자는 나침반에 있는 자로 나침반 좌측에 있으며 작은 눈금과 큰 눈금이 있다. 작은 눈금은 1/5만 지도에서 6Km까지 측정을 할 수 있고, 큰 눈금은 1/2. 5만 지도에서 2Km까지 측정을 할 수 있다.

### 5) 야광 조준점

야광 조준점은 덮개 가운데 홈이 파져 있는 곳에 연결된 철사줄의 양쪽 끝 지점에 있으며 야간에 가늠줄이 보이지 않기 때문에 가늠구멍으로 목표물을 조준시에 사용한다.

### 6) 야광 화살표

야광 화살표는 나침반 몸통에 고정되어 있는 것으로 항상 자북 방향을 가리킨다. 지도정치를 할 때 사용하고 야간에는 야광선과 클릭을 활용하여 방위각 측정시에 사용한다.

### 7) 검정 지표선

주간에 방향을 지정하고 방위각 측정시 기준선으로 방위각을 제시해 주는 선이다.

### 8) 야광점

야광점은 야광선을 이용하여 방위각 측정 시 보조 수단으로 활용한다.

### 9) 짧은 야광선

가동 유리판에 표시되어 있으며 야간에 목표물의 방위각을 측정시 활용하는 것으로 목표와 야광 조준점, 야광선을 일치시킨 후 가동 유리판을 돌려 야광선과 야광 화살표를 맞추어 자북 방위각을 산출한다.

### 10) 가늠줄

덮개 가운데 홈이 파져 있는 곳에 연결되어 있는 철사줄로 목표를 조준시에 사용한다.

## 다. M1 나침반을 잡는 요령

### 1) 엄지와 검지를 이용하여 잡는 법

가) 방위각 측정시 사용하는 방법으로 나침반 덮개 90도, 렌즈는 45도로 세워 준다.

나) 엄지손가락은 손잡이에 끼우고 검지 손가락을 이용하여 나침반 측면 부분을 받쳐 주고, 나머지 세손가락은 가볍게 쥐어 나침반의 밑부분을 받쳐 준다.

다) 반대 손은 나침반을 잡은 손을 아래서 위로 받쳐 준다.

라) 나침반은 다)항과 같이 잡은 상태에서 얼굴 쪽으로 들어 올려 손잡이에 끼운 엄지를 광대뼈에 갖다 대거나(뺨 부착 잡는 법), 양손을 자연스럽게 내려서 요대 부분에 위치(중앙 잡는 법)시켜 사용한다.

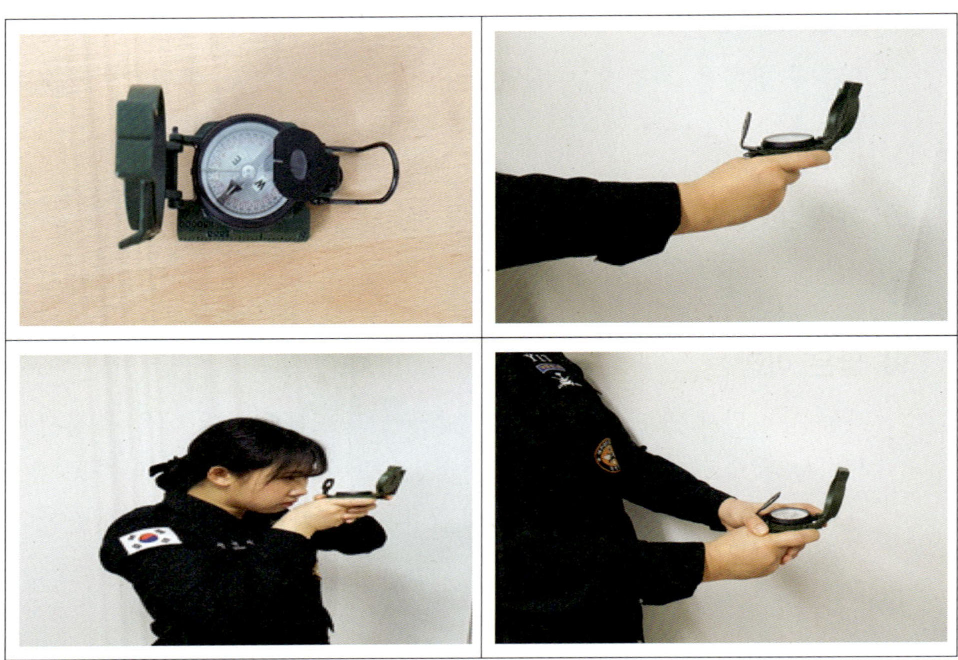

### 2) 양손 바닥을 이용하여 잡는 법

가) 방위각 측정시 주로 사용하는 방법으로 나침반 덮개를 몸통과 일직선이 되도록 180도로 펴주고, 렌즈는 90도로 세워준다.

나) 엄지손가락은 손잡이에 끼우고 검지 손가락을 이용하여 나침반 측면 부분을 받쳐 주고, 나머지 세손가락은 가볍게 쥐어 나침반의 밑 부분을 받쳐 준다.

다) 반대 손 엄지 손가락은 나침반을 잡고 있는 손위로 하여 렌즈뭉치 주변을 감싸 쥐고 검지 손가락은 곧게 펴서 눈금친 곧은자를 받쳐 주며, 나머지 세 손가락은 가볍게 쥐거나 반대 세손가락을 아래에서 위로 가볍게 포개어 받쳐 준다.

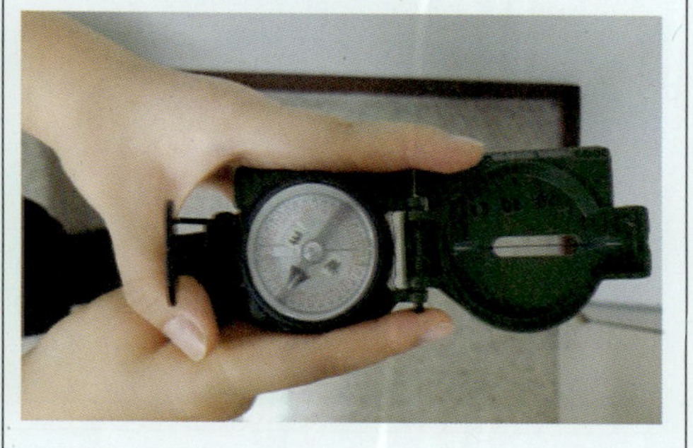

## 라. M1 나침반 사용 요령

### 1) 주간 방위각 측정

가) 덮개를 열어 수직(90°)으로 세우고 렌즈 뭉치를 45도로 세운다.

나) 나침반을 엄지와 검지를 이용하여 잡는 법으로 뺨에 부착한다.

다) 나침반을 뺨에 부착한 상태에서 렌즈의 가늠 구멍과 덮개의 가늠줄이 방위각을 측정하고자 하는 목표물 방향으로 일직선으로 정렬시키고 렌즈를 보고 방위각을 읽는다.

라) 방위각 판독시에 검정 지표선과 일치 되는 적색 눈금은 도(°), 흑색 눈금은 밀(Mil) 방위각을 측정한다.

마) 나침반으로 측정한 방위각은 자북 방위각이다.

## 2) 야간 방위각 측정

가) 덮개를 완전히 열고 몸통과 일직선이 되도록 렌즈 뭉치를 수직(90°)으로 세운다.

나) 가동 유리판을 돌려서 짧은 야광선의 방향을 덮개에 있는 두 개의 야광 조준점을 연결한 선상(검정지표선)에 일치시킨 후 양 손바닥을 이용하여 잡는 법으로 목표물을 지향한다.

다) 야광선이 야광 화살표와 일치할 때까지 가동유리판을 시계 반대방향으로 크리크 수를 세면서 돌린다. 이때 크리크 수에 3을 곱하여 나온 값이 목표물의 자북 방위각이 된다.

라) 자침의 야광화살표의 위치가 야광선의 우측에 있다면 가동유리판을 시계방향으로 돌리는 것이 빠르다.

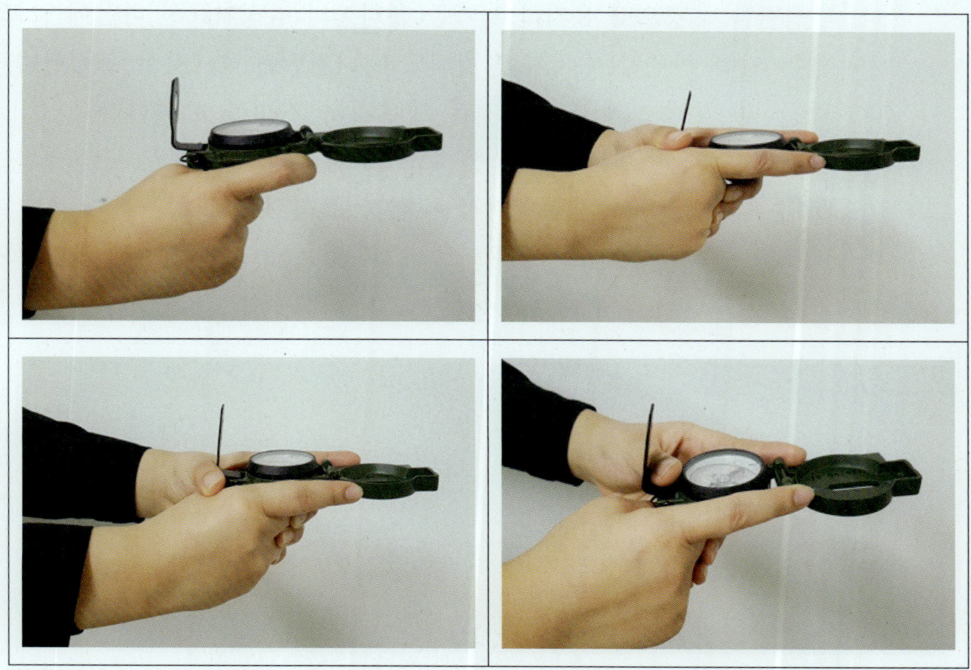

### 3) 나침반을 이용한 지도상 2개 지점 방위각 측정

가) 지도를 수평으로 놓고 지도정치를 한 후에 측정하고자 하는 2개 지점을 연결하는 선을 긋는다.

나) 나침반의 덮개를 완전히 펴서 렌즈를 수직(90도)으로 세운 후 나침반의 눈금친 곧은자가 2개의 선과 일치하도록 지도위에 올려 놓는다.

다) 검정지표선과 일치되는 적색 눈금 수치를 확인하면 된다. 이때 나침반으로 측정한 방위각은 자북 방위각으로 도북 방위각을 구하려면 도자각을 이용하여 환산한다.

### 4) 나침반을 이용하여 임의지점까지 이동하는 방법

가) 지도 정치를 한 후에 출발지점과 도착지점을 지도에 표시하고, 이동간에 방향유지에 필요한 도로, 하천, 고지 등을 예상 이동로에 표시한다.

나) 나침반을 수평으로 유지하고 가동 유리판의 검정지표선 하단에 알고 있는 자북 방위각 수치가 일치되도록 나침반을 좌·우로 조정한다.

다) 중간 및 최종 도착지점에 자북 방위각과 거리를 표시한다.

라) 나침반 덮개를 세우고 렌즈를 45도로 유지한 상태에서 구간별 이동시 해당 구간의 자북방위각을 검정 표시선에 일치시킨다.

마) 렌즈를 통해서 가늠줄 방향으로 알고 있는 거리만큼 이동하면 목표물에 도달하게 된다.

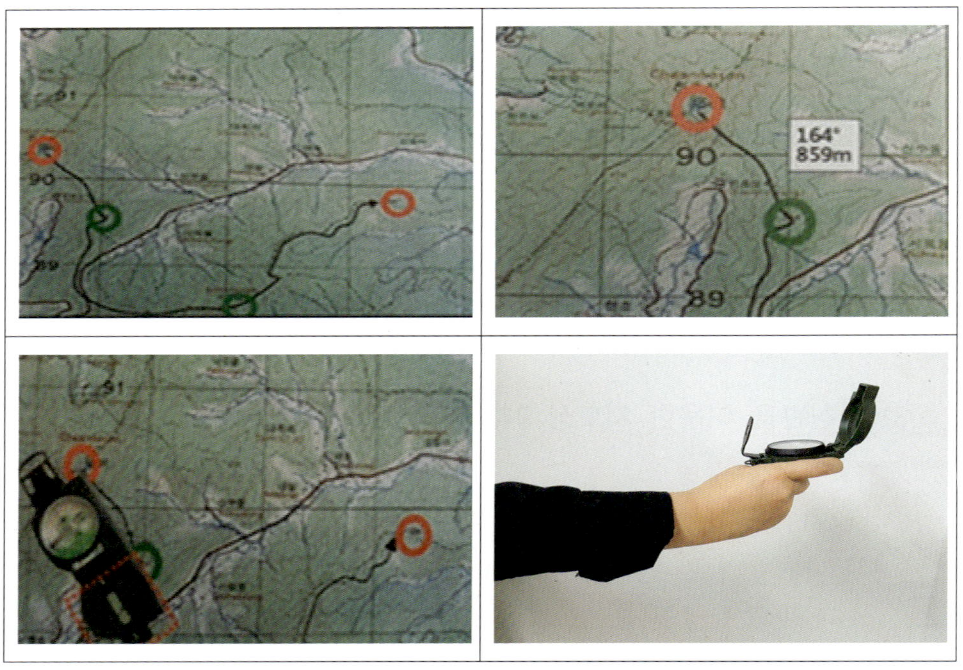


## 5) 나침반을 이용하여 야간에 이동하는 방법

가) 나침반의 덮개는 완전히 펴고 렌즈 뭉치를 수직으로 세운다.

나) 야광선과 검정 지표선을 일치 시킨다.

다) 목표 지점의 자북 방위각을 크리크 수로 환산(1크리크 3도 : 60도 : 20크리크)해서 가동유리판의 크리크수로 환산하고 크리크 수 만큼 가동유리판을 시계 반대 방향으로 돌린다.

라) 나침판은 수평을 유지하고 야광선과 화살표를 일치 시킨다.

마) 가늠줄과 야광 조준점이 일치하는 방향이 이동하고자 하는 목표물의 방향이다.

바) 목표 방향으로 이동시에는 중간 지점에 식별이 용이한 지점을 선정하고 후퇴 방위각을 이용하여 이동방향을 확인하면서 구간전진으로 이동한다.

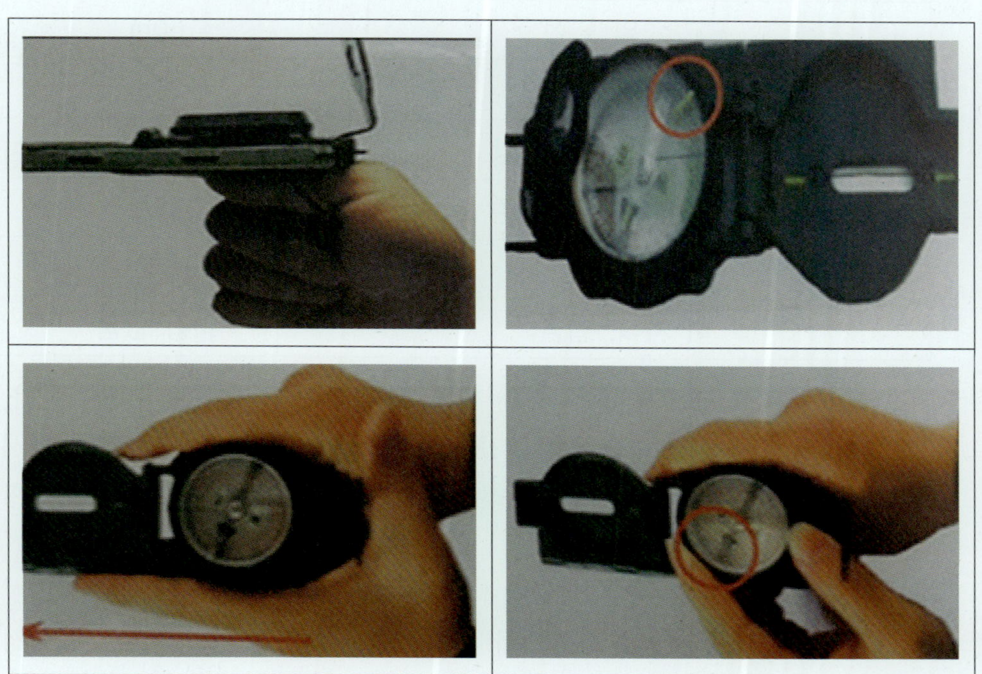

## 마. 나침판 사용시 주의 사항

1) 나침반은 정밀한 균형과 방향을 가리키도록 장치되어 있어 경미한 충격에도 영향을 받기 때문에 주의해서 사용을 해야 한다.

| 구 분 | 거 리 |
|---|---|
| 고 압 선 | 60m |
| 전차, 야포, 트럭 | 20m |
| 통신, 전화선, 철조망 | 10m |
| 화기류(소총, 기관총, 무반동총, 박격포) | 2m |
| 철모, 대검 | 0.5m |
| 비 자석, 합금 | 영향 없음 |

2) 나침반을 사용하지 않을 때는 반드시 뚜껑을 닫아서 보관해야 한다.
3) 야간에 나침반을 사용시는 주간에 최초 방위각을 맞추어 둔 상태에서 최초 방위각을 기초로 가동유리판의 크리크 수를 조정하여 야간상황에서 방위각을 구한다.
4) 나침반 사용시에 수평이 맞지 않거나 철제류에 근접하면 자침의 방향과 실제 자북방위각 사이에서 오차가 발생할 수 있으므로 주의해서 나침반을 사용해야 한다.

# 3 각도기

**가. 각도기의 종류 :** 원형, 반원형, 정방형이 있으며 통상 반원형을 사용한다.

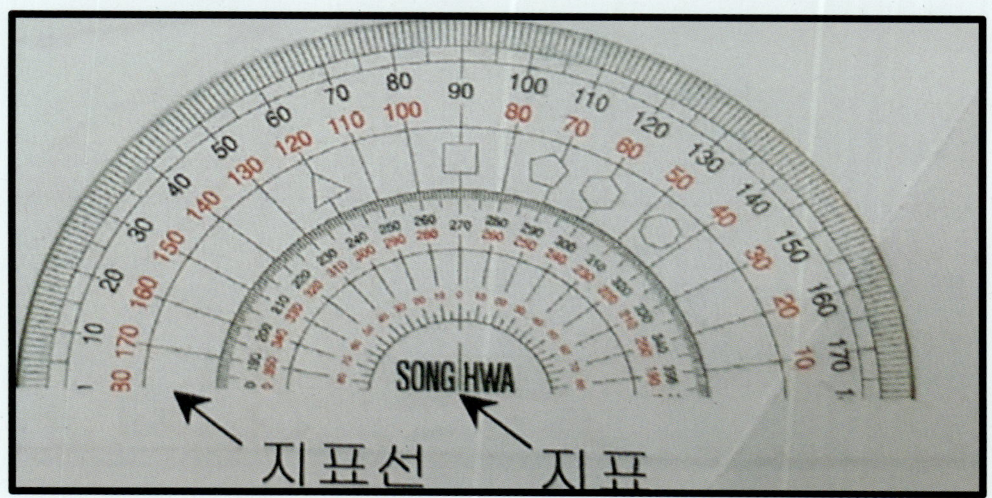


## 나. 외부 명칭

1) **지 표 :** 각도기의 모든 방향선이 사방으로 퍼지는 원의 중심점이다.

2) **지표선 :** 각도기 눈금의 0과 지표, 그리고 각도기 눈금 단위인 1/2 수치를 연결한 선이며, 이때 1/2 수치 지점은 각도기 눈금 단위가 "도"이면 180°, 밀이면 3200밀 지점을 나타낸다.

## 다. 각도기 사용 방법

### 1) 지도상의 A지점에서 B지점 도북 방위각 측정

가) 지도를 평평한 곳에 놓고 A와 B지점을 연결하는 선을 그린다.

나) 방위각을 측정하고자 하는 A지점에 각도기를 일치시키고 지표선은 도북선(횡좌표선)과 평행하게 한다.

다) A와 B지점을 연결한 선과 각도기의 눈금이 일치하는 수치가 도북 방위각이다.

라) 각도기를 이용하여 측정한 방위각을 자북방위각으로 환산 : 측정된 방위각 수치에 도자각(도북과 자북 방위각 차이)만큼 더해준다.

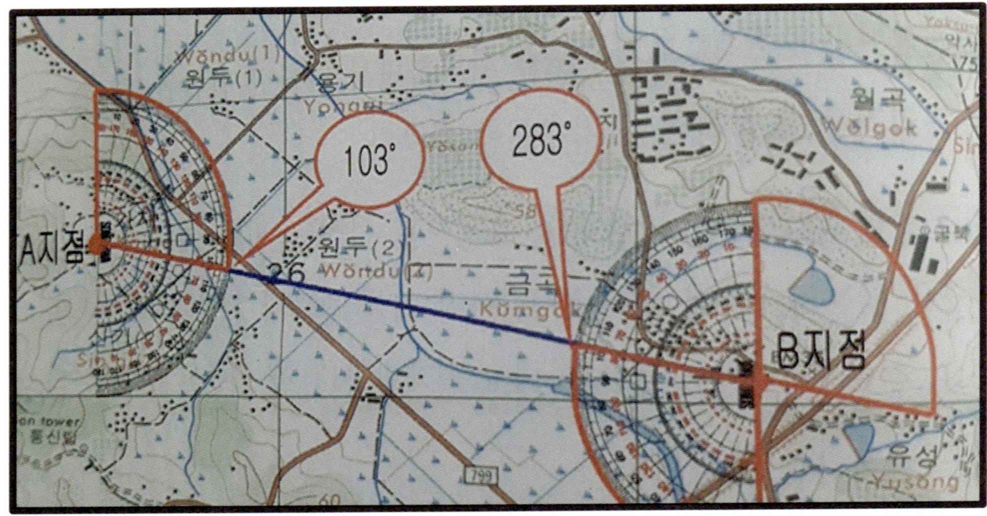


## 2) 1개 지점에서 도북방위각과 거리를 이용하여 목표물을 식별하는 방법

가) 각도기를 지도위에 놓고 측정을 하고자 하는 지점과 각도기의 지표를 일치시키고 지도의 도북선(횡좌표선)과 각도기의 지표선이 평행이 되도록 한다.

나) 각도기의 지표와 도북 방위각의 수치에 해당하는 눈금을 연결하는 선을 그린다. 이 선이 도북 방위각 선이고 목표물까지 거리를 축척을 이용하여 도상거리로 환산 한다.

다) 각도기의 지표와 일치시킨 지점에서 도북 방위각 선을 따라 환산한 도상거리 만큼 이동한 지점이 목표물이 위치한 지점이다.

Chap. 6

# 방향탐지 및 유지

**학습목표**

1. 방향유지 및 방향탐지간에 군사지도를 이용해서 지도정치를 할 수 있어야 한다.
2. 위치 결정법을 이해하고 목표위치 결정법과 자기위치 결정법을 적용할 수 있어야 한다.
3. 자연현상을 이용한 방향결정과 방향유지 및 방향탐지를 이해하여야 한다.
4. 도시지역 지형은 보고 방향과 위치를 판독할 수 있어야 한다.

# 제1절 지도정치

## 1 개 요

가. 지도정치란 지도를 수평으로 놓고 지도상의 남과 북쪽 방향을 실제 지형의 남과 북쪽 방향과 일치시키는 것을 말한다. 즉, 지도상에 표시되어 있는 방향과 실제 지형의 방향을 일치시키는 것이다.

나. 지도정치는 지도상의 자신의 위치와 다른 지점의 목표물의 방향과 위치를 쉽게 식별할 수 있다.

## 2 지도정치 방법

지도정치 방법에는 자북선에 의한 방법, 도북선에 의한 방법, 지형지물에 의한 방법이 있다.

### 가. 자북선에 의한 지도정치

1) 자북선에 의한 지도정치는 나침반과 지도 난외주기 하단의 편각도표에 표시된 자북 방위각 선을 사용한다.
2) 지도를 수평으로 놓고 나침반 덮개를 완전히 펴서 일직선이 되게 한 후 렌즈를 세워 작동이 되게 한다.

3) 지도 난외주기 하단 편각도표에 표시된 자북선에 나침반의 눈금 친 곧은 자가 일치하도록 올려 놓는다.

4) 지도와 나침반을 동시에 돌려서 나침반의 검정 지표선과 야광화살표를 일치 시키는데 이때 자북선과 나침반의 눈금 친 곧은 자는 계속 일치된 상태를 유지하여야 한다.

5) 나침반의 야광 화살표가 가리키는 자북방향과 지도의 자북선이 일치하면 자북선에 의한 지도정치가 완료되는 것이다.

## 나. 도북선에 의한 지도정치

1) 도북선에 의한 지도정치는 나침반과 지도의 도북선(횡좌표선)을 사용한다.

2) 지도를 수평이 되게 놓고 나침반 덮개를 완전히 펴서 일직선이 되게 한 후 렌즈를 세워 작동이 되게 한다.

3) 지도 난외주기 하단의 편각 도표에 표시된 도북선이나 횡좌표선에 나침반의 눈금 친 곧은자를 일치시킨다. 이 때 나침반의 덮개가 지도의 도엽명 방향으로 향하게 한다.

4) 지도와 나침반을 동시에 돌려서 나침반의 검정 지표선과 그 지역에 해당하는 도자각을 일치시킨다. 이 때 도북선 또는 횡좌표선과 나침반의 눈금 친 곧은자는 계속 일치된 상태로 유지하여야 한다.

5) 지도의 도북선 방향과 그 지역의 도자각 방향이 일치하면 도북선에 의한 지도정치가 완료되는 것이다.

## 다. 지형지물에 의한 지도정치

1) 지형지물에 의한 지도정치는 나침반을 사용할 수 없는 상황에서 적용하는 방법이다.

『출 처 : 여주 1 : 25,000 군사지도』

2) 지도나 실제 지형에서 모두 식별 가능한 지형지물을 선정하는데 도로, 철도, 하천, 고압선 등과 같이 일련의 선으로 형성된 현저한 지형지물 등을 선정 한다.
3) 선정된 지형지물의 방향과 지도에 표시된 방향을 일치시키면 지형지물에 의한 지도정치가 되는 것이다.

# 제2절 위치결정법

## 1 개 요

가. 알고 있는 2개 이상의 지점을 이용하여 알고자 하는 지점의 위치를 알아내는 방법이다.

나. 위치결정법에는 목표위치 결정법과 자기위치 결정법이 있다.

## 2 목표위치 결정법

가. 지도상에서 자신의 위치는 알고 있으나 알고자 하는 지점의 정확한 위치를 지도상에서 찾을 때 사용하는 방법이다.

나. 목표위치 결정법의 세부 절차와 방법은 다음과 같다.

### 1) 지도와 나침반을 이용하는 방법

가) 지도정치를 완료 후에 자기 위치를 지도상에 표시하고 표시한 실 지점의 실 지형으로 이동하여 나침반으로 알고자 하는 자북방위각을 측정한다.

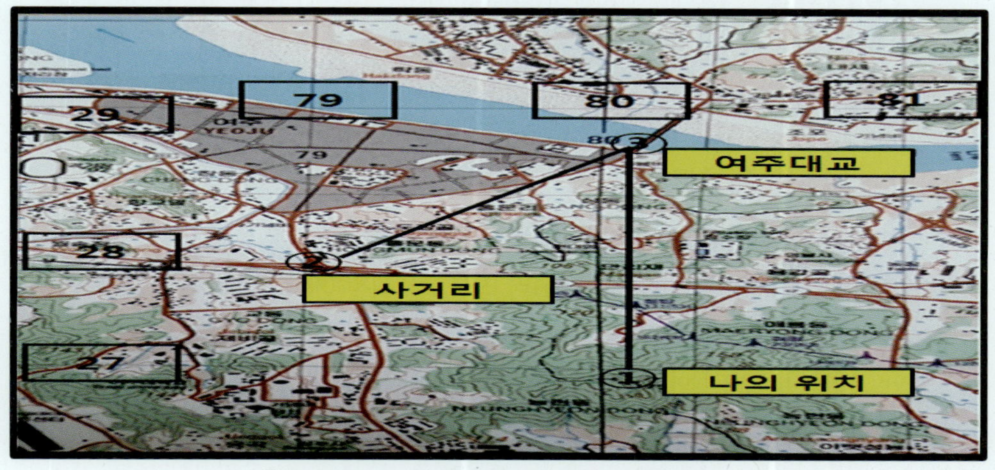


『출 처 : 여주 1 : 25,000 군사지도』

나) 자북 방위각을 도북방위각으로 환산해서 지도위에 선을 그린다. 이어서 알고 있는 2번째 지점으로 이동하여 지도정치를 하고 지도상에 표시한다.

다) 새로 이동한 지점에서 자북 방위각을 도복 방위각으로 환산해서 지도위에 선을 그린다. 2개의 선이 교차한 지점이 알고자 하는 지도상의 위치이다.

### 2) 지도와 곧은자를 이용하는 방법

가) 나침반을 사용할 수 없을 경우 대략적인 지도정치를 하는 방법으로 지도와 실제 지형에 의한 방법으로 지도정치를 한 후 자기 위치를 찾아서 표시한다.

나) 지도상 표시한 자기 위치에 곧은자의 한 쪽을 일치시키고, 다른 한쪽 끝은 실제 지형의 알고자 하는 지점을 향하게 한다. 그 다음에 자기 위치로 부터 알고자 하는 지점을 향하는 방법으로 선을 그린다.

다) 새로운 지점으로 이동하여 동일한 방법으로 선을 그린다. 2개의 선이 교차한 지점이 알고자 하는 지도상의 위치이다.

### 3) 선형 지형지물(1개선)에 의한 방법

가) 목표물이 실제 지형에서 도로, 하천, 철도, 제방 등 선 형태의 지형지물이 위치하고 있을때 지도상에서 목표물의 위치를 찾아내는 방법이다.

나) 자기 위치를 지도에 표시하고 실제 지형의 자기 위치에서 나침반으로 선형 지형 지물에 위치한 목표물 까지 방위각을 측정한 후 도북 방위각으로 환산한다.

다) 지도상의 자기 위치로 부터 도북 방위각 방향으로 선을 그린 다음에 도북 방위각 선과 지형 지물의 교차 지점이 지도상에서 찾고자 하는 목표물의 위치이다.

## 3 자기 위치 결정법

가. 지도상에서 나의 위치를 모르고 있으나 실제 지형에서 2개 이상의 지점을 식별할 수 있고 식별한 지점을 지도상에서 찾을 수 있을 경우에 사용하는 방법이다.

나. 자기위치 결정법의 세부 절차와 방법은 다음과 같다.

### 1) 지도와 나침반을 이용하는 방법

가) 지도 정치를 하고 주변에 있는 지형지물 중에 실제 지형에서 찾을 수 있고 지도상에서 식별하여 표시할 수 있는 2개 이상의 지점을 선정하여 지도에 표시를 한다.

나) 나침반을 이용하여 가)항에서 선정한 지점에 대한 자북방위각을 측정하여 도북방위각으로 환산한 후 후퇴 방위각을 각각 계산한다.

『출 처 : 여주 1 : 25,000 군사지도』

다) 선정한 지도상의 1개 지점을 기준으로 나)항에서 계산한 후퇴방위각 방향으로 각도기와 자를 이용하여 선을 그린다.

라) 다)항과 같이 2개 이상의 다른 지점에서 각각 후퇴방위각 선을 그려서 만나는 지점이 지도상의 자기위치이다.

### 2) 지도와 곧은자를 이용하는 방법

가) 지도를 평평한 곳에 놓고 지형지물을 이용하여 지도정치를 한다.

나) 실제 지형에서 식별할 수 있는 지형지물을 2개 이상을 선정하여 지도상에 표시 한다.

다) 곧은자의 중앙 부분을 나)항에서 표시한 지형지물을 Ⓐ, Ⓑ 지점에 일치시키고, 곧은자의 한 쪽 방향을 실제 지형지물 방향으로 향하게 한 상태에서 지형지물 반대 방향으로 선을 그린다.

라) 다)항에서 표시한 두 개의 선이 서로 만나는 지점이 자신의 위치이다.

『출 처 : 여주 1 : 25,000 군사지도』

### 3) 선형 지형지물(1개선)에 의한 방법

가) 자신이 도로, 하천, 철도, 제방 뚝 등과 같은 선 형태의 지형지물에 위치하고 있을 때 지도상에서 정확한 자기위치를 찾아내는 방법이다.

나) 실제 지형에서 식별 가능하고 지도에 표시되어 있는 지형지물의 한 지점을 선정하여 표시한다.

다) 나침반으로 선정한 지점의 자북 방위각을 측정하여 도북방위각으로 환산 한 후 후퇴방위각을 계산한다.

라) 나) 항에서 표시한 지점에서 다)항에서 산출한 후퇴 방위각 방향으로 선을 그린다. 지도상의 선형 지형지물과 후퇴방위각 선과의 교차지점이 지도상에서 찾고자 하는 자신의 위치이다.

# 제3절 자연 현상을 이용한 방향 결정

## 1 개 요

가. 방향탐지[17] 및 방향 유지 [18]시에 지도와 나침반을 사용할 수 없을 경우에 자연 현상을 이용하여 방향을 결정할 수 있다.

나. 자연 현상을 이용한 방향 결정은 해, 달, 그림자, 별자리 등을 이용할 수 있다.

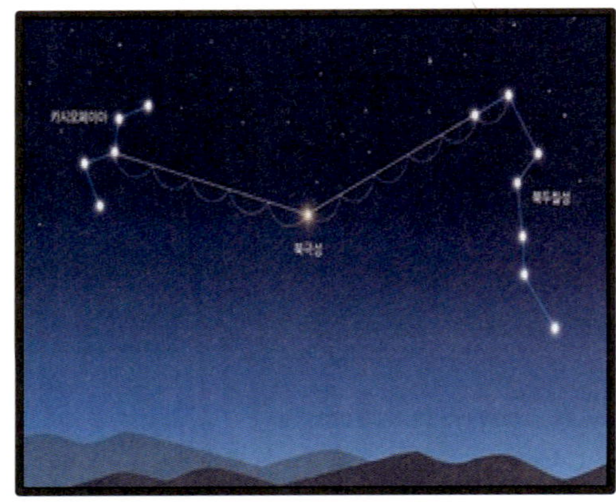


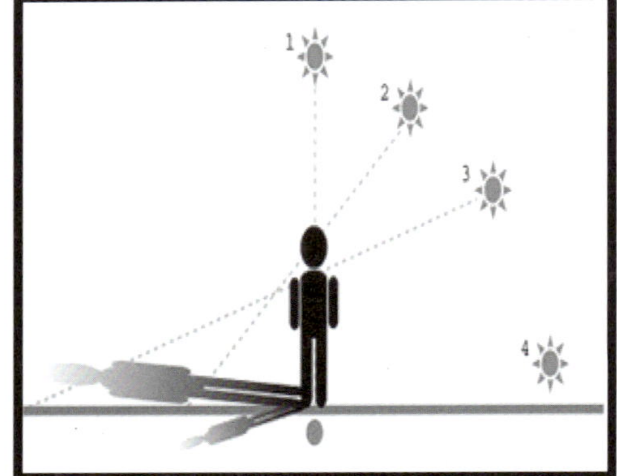


17) 전투원이 이동하고자 하는 지점과 위치를 찾는 것을 “방향탐지”라고 한다.

18) 전투원이 이동하고자 하는 방향을 찾아서 이동하는 것을 “방향유지”라고 한다.

다. 기타 자연현상을 이용한 방향결정에는 수목의 나이테의 모양, 독립 수목의 나뭇가지, 이끼, 적설 등의 자연 현상을 이용하여 방향을 결정 할 수 있다.

1) 수목의 나이테는 간격이 넓은 방향이 남쪽이고 수목의 나뭇가지가 큰 방향이 남쪽이다.

2) 계곡에서 이끼가 잘 자라는 위치와 눈이 잘 녹는 방향이 남쪽이다.

라. 방향탐지시에 지도상에 표기되어 있는 고속도로, 시가지, 저수지, 호수, 비행장 등 현저한 지형지물을 이용하여 방향 탐지를 할 수 있다.

## 2 주간 상황하에서 방향 결정 : 태양, 그림자

### 가. 시계와 태양을 이용한 방향 결정 : 적도 이북 지역, 적도 이남지역

#### 1) 적도 이북지역에서 시계와 태양을 이용한 방향 결정

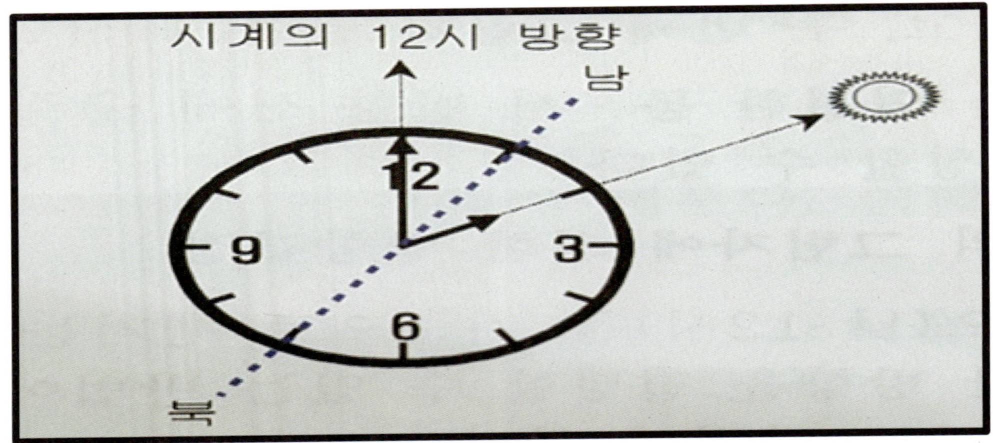


가) 적도 이북지역의 경우에는 현재 시간에 해당하는 시침의 방향은 태양을 향하고 시침과 시계의 숫자 12의 $\frac{1}{2}$지점(중간지점)이 대략적인 남쪽 방향이다.

나) 정오 기준으로 오전은 시계 방향, 오후는 반시계 방향으로 $\frac{1}{2}$지점이다.

#### 2) 적도 이남지역에서 시계와 태양을 이용한 방향 결정

가) 적도 이남지역의 경우에는 현재 시간에 해당하는 시침의 방향은 태양을 향하고 12시를 가리킨다.

나) 시침과 현재의 시간을 가리키는 시침의 방향의 $\frac{1}{2}$지점 방향이 대략적인 남쪽이다.

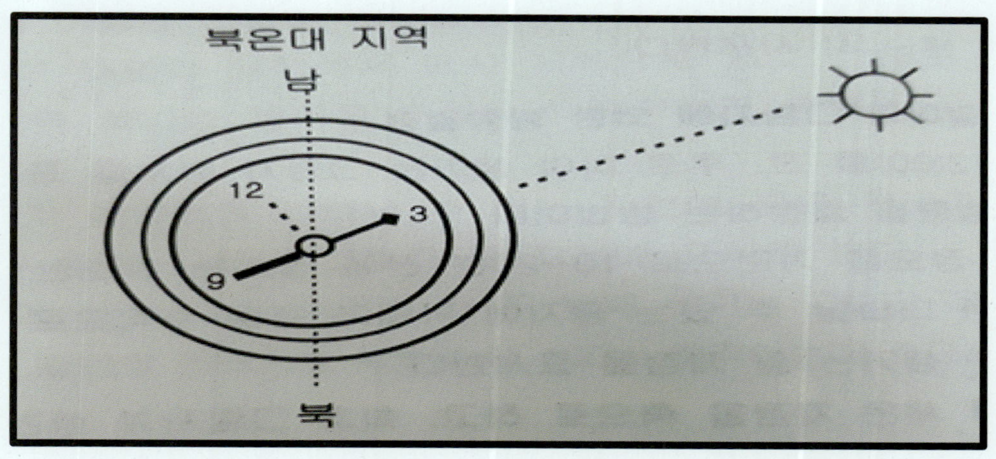


## 나. 그림자를 이용한 방향 결정

1) 지면에 곧은 막대기나 나뭇가지를 세운 후 그림자 끝 지점을 표시한다.
2) 그림자가 10cm 정도 움직이면 두번째 그림자 끝 지점을 표시한다.
3) 120cm 막대기를 세웠을 경우 그림자가 10cm 움직이는 데 소요되는 시간은 통상 10분이 소요되고 표시한 2개의 그림자 끝 지점을 선으로 연결, 이때 최초의 그림자 끝을 표시한 방향이 서쪽, 두 번째 그림자 끝을 표시한 방향이 동쪽이다.
4) 2개의 그림자 끝을 연결한 동, 서 방향선에 수직이 되는 선을 그려서 남, 북 방향을 결정한다.

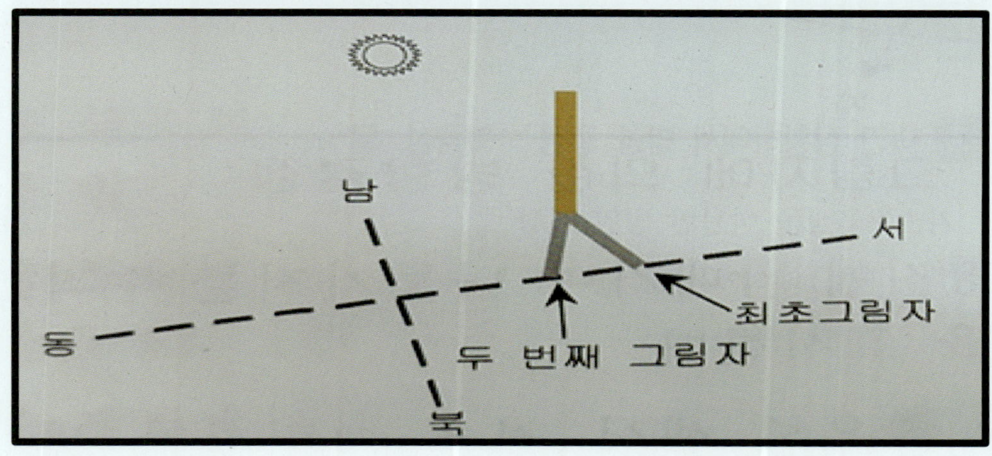

### 다. 그림자를 이용한 시간 결정

1) 그림자를 이용한 시간 결정은 대략적인 방향을 확인한 후에 적용할 수 있는 방법으로 십자(+)의 중앙에 곧은 막대기나 나뭇가지를 수직으로 지면에 세운다.
2) 곧은 막대기를 세운 십자(+)의 중앙을 원점으로 서~북~동쪽 방면에 일정한 크기의 반원을 그려서 12시간으로 균등하게 나누고 서쪽부터 동쪽 방향으로 06~18시까지 수치를 부여하고 시간을 판단한다.
3) 이때 세운 막대기의 그림자는 시침 역할을 하고 동, 서 방향의 서쪽은 06시, 동쪽은 18시를 가리키며, 남, 북 방향선의 북쪽은 12시를 가리킨다.

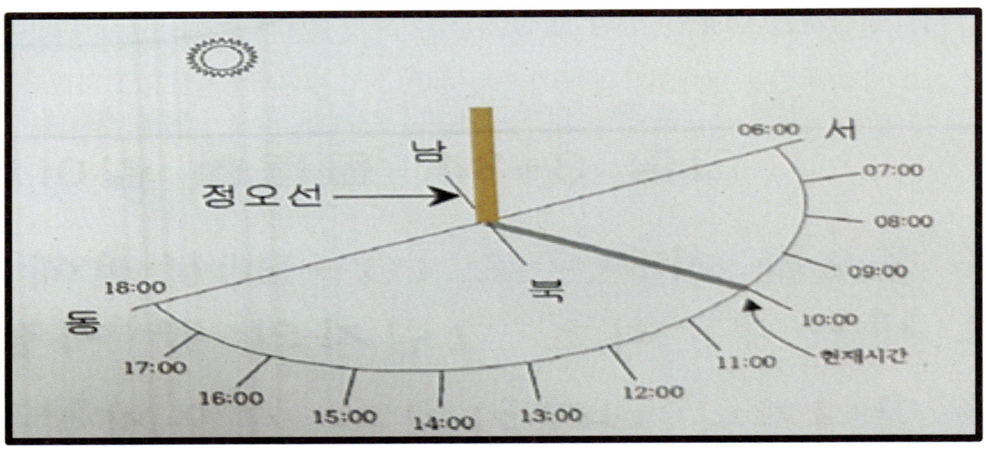


## 3 야간 상황하에서 방향 결정 : 북극성, 달

### 가. 북극성을 이용한 방향 결정

1) 야간 상황하에서 방향을 확인 할 수 있는 방향확인 도구가 없을 경우에 북극성을 이용하여 방향을 결정할 수 있다.

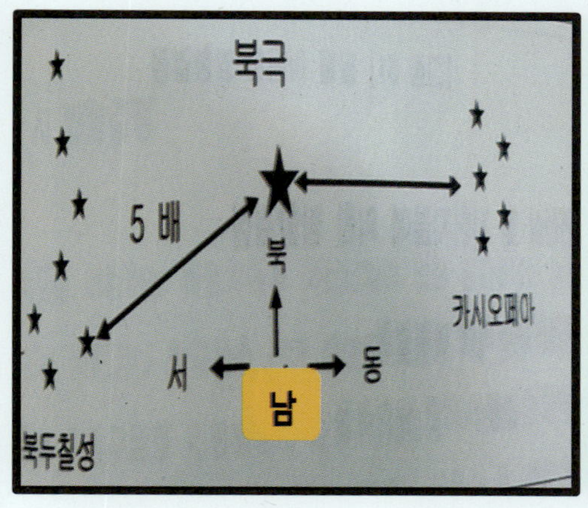


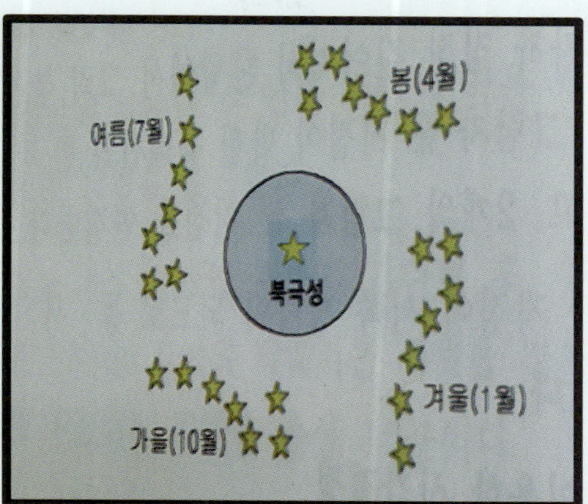


2) 북두칠성의 국자 부분 끝으로부터 국자 부분 2개의 별 간격만큼 일직선으로 5배 이동하여 북극성을 찾는다.

3) 북극성을 기준으로 북두칠성의 반대방향으로 5개의 별이 W자 형태로 있는 "카시오페아"를 찾으면 된다.

4) 관측자 위치로 부터 북극성 방향이 진북방향, 관측자를 기준으로 우측은 동쪽, 좌측은 서쪽, 후방은 남쪽이 된다.

## 나. 달을 이용한 방향 결정

1) 야간 상황하에서 방향을 확인 할 수 있는 방향확인 도구가 없을 경우에 달의 모양과 뜨는 시간, 시계와 보름달을 이용한 방법으로 방향을 결정할 수 있다.

### 2) 달의 모양과 뜨는 시간을 이용하여 방향을 결정하는 방법

가) 초승달(상현)은 19시경에 남쪽, 01시 경에는 서쪽, 보름달은 19시경에 동쪽, 01시경에는 남쪽, 07시경에는 남쪽에 위치한다.

나) 그믐달(하현달)은 01시경에 동쪽, 07시경에 남쪽에 위치하게 되어 대략적인 방향을 결정한다.

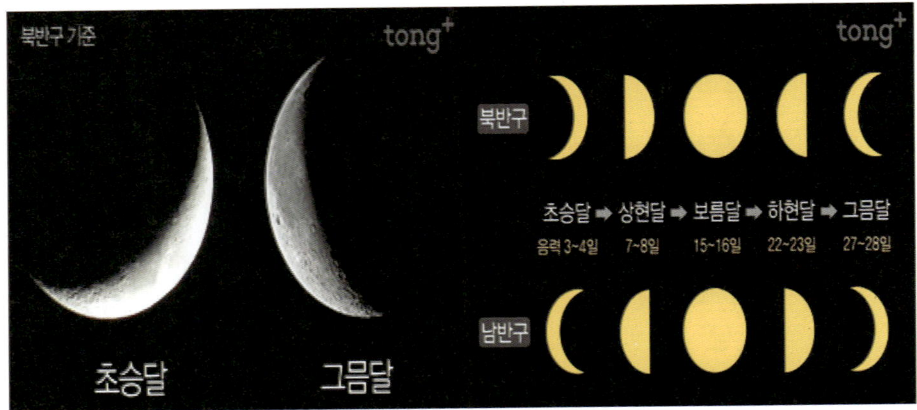


### 3) 시계와 보름달을 이용하여 방향을 결정하는 방법

가) 달의 모양이 보름달이거나 보름달에 가까울수록 시계와 태양을 이용한 주간 방향 결정 방법과 유사하게 적용하여 대략적인 방향을 판단한다.

나) 시계의 시침 방향이 보름달을 향하게 한다. 이 상태에서 시계의 시침 방향과 시계의 1시 방향과의 지점(중간지점)이 대략적인 남쪽 방향이다.

다) 시계를 이용할 경우, 주간 방향 결정시에는 태양의 남쪽 기준시간이 12시, 야간 방향 결정시에는 보름달의 남쪽 기준시간이 01시 임을 주의해야 한다.

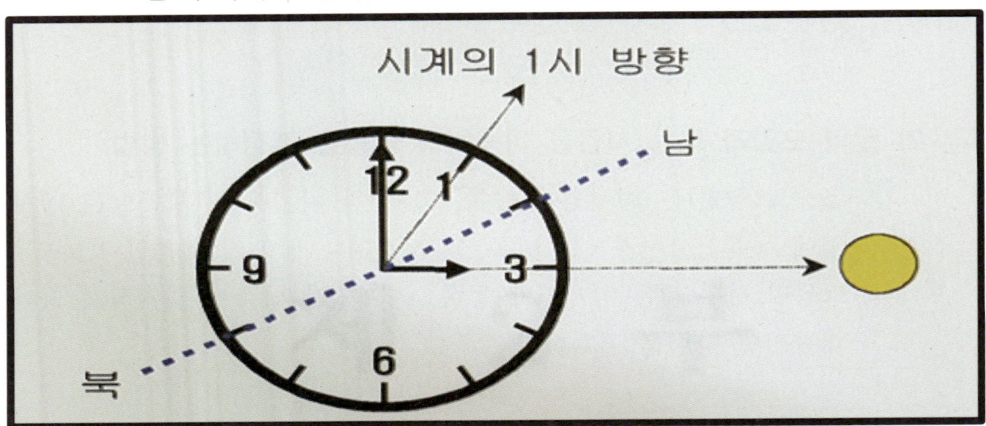

# 제4절 방향탐지 및 유지

## 1 방향유지 방법

가. 실 지형을 고려해서 구간별 최적의 방향유지 방법 선택
나. 가급적 최단거리로 안전하게 이동하는 방법을 선택
다. 시도불량 또는 야간 이동 시 시간 단축보다는 정확하게 목표지점에 이르는 이동로 선택

## 2 능선이동 요령

가. 도착지점까지 이동거리, 이동시간, 등고선과 기복의 변화, 참고점과 참조점 사전 확인
나. 갈림길과 능선, 지맥방향 사전 확인
다. 수시로 자신이 이동하고 있는 위치 확인
라. 지도정치를 통해 수시로 이동방향을 확인
마. 자신의 위치를 상실한 경우 사전 선정한 참조점을 이용하여 위치 결정법을 통한 자기위치 결정
바. 자신 위치 판단 시 사전 선정한 참조점이 식별되지 않을 경우, 주변의 높은 지형으로 이동하여 특징적인 지형지물을 찾은 후 판단

## 3 방향유지 전 준비사항

가. 실지형에서 가장 높은 곳에 올라 지형정찰 실시
나. 시간 제한시 도상 연구, 지도에서 지형 숙지하고 지도와 실제지형의 차이점 숙지
다. 방향유지를 위한 지도, 나침반 준비

## 4 방향유지에 필요한 제원 산출

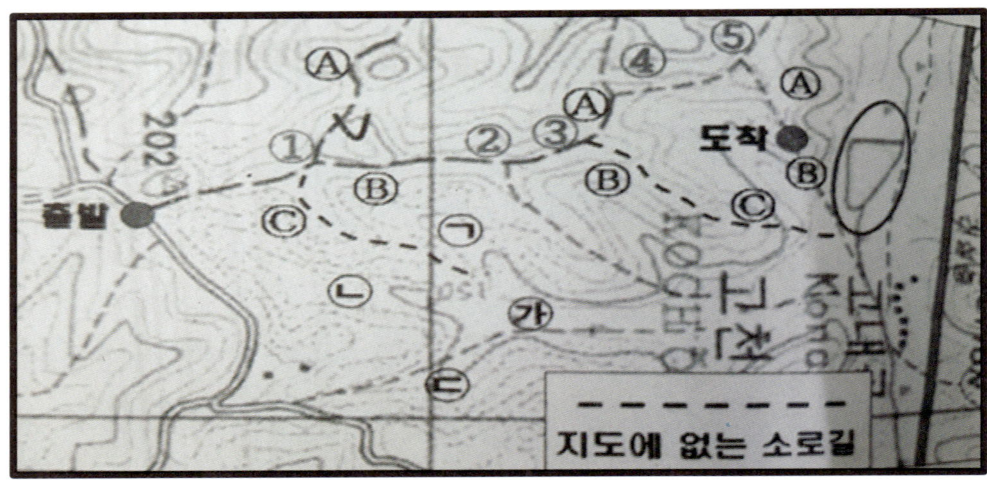


가. 출발지점과 목표지점 지도상에 표시,

나. 각 지점 사이에 직선 이동로 선정 : 위험지역 표시(절벽, 하천, 저수지 등), 참고점(주요고지, 능선, 지맥, 교차로, 교량, 독립가옥, 철탑, 터널 등) 및 참조점(높은 고지, 도로, 철도, 하천) 선정

다. 최단거리 및 직선 방향 고려 참고점 선정

라. 참고점 연결, 이동로 도식

## 5 방향유지 요령

가. 지도상에서 측정한 도북 방위각을 자북 방위각으로 변환하여 실 지형에서 자신의 이동방향 확인

나. 이동 전 출발지점으로부터 각 구간별 이동시에 해당 구간의 방향을 확인 후 이동

다. 주간방향유지 : 검정 지표선에 이동하는 방향의 자북 방위각을 일치시키고, 가늠줄이 지향하는 방향으로 이동

라. 야간방향 유지 : 나침반의 야광선을 돌려 야광화살표를 일치시킨 후

가고자 하는 자북 방위각 만큼 야광선의 크리크를 돌리고 야광선 방향으로 이동

마. 방향유지시 고려 사항 : 이동 거리, 소요 시간, 등고선의 변화, 기복의 변화, 지형지물, 방위각

# 제5절 방향과 위치결정 실습

## 01~03 다음 지도를 보고 물음에 답하시오.

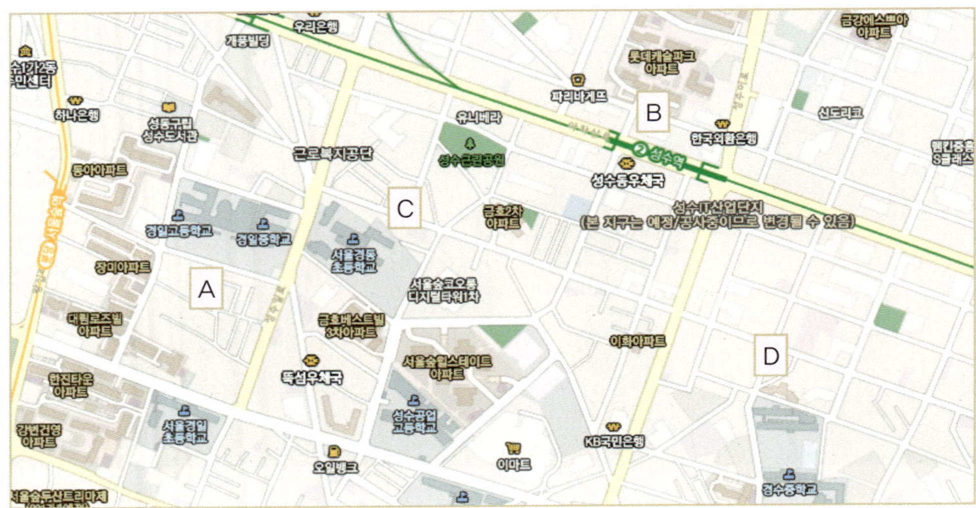


**01**

위의 지도에서 당신의 위치는 A, B, C, D 중 어디인가?

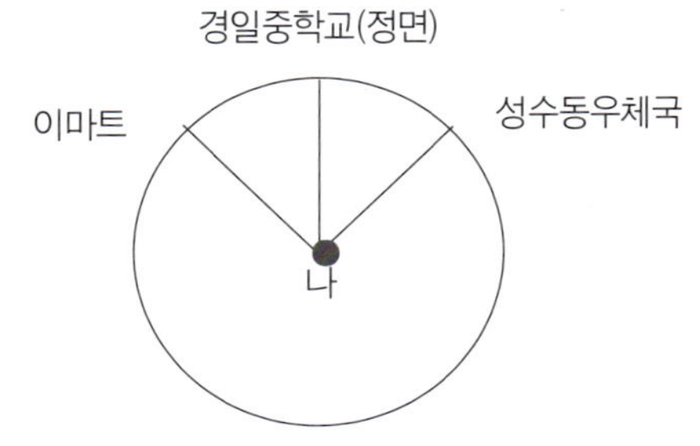


① A ② B
③ C ④ D

**02**

당신이 경일고등학교에서 뚝섬우체국을 정면으로 바라볼 때 한국외환은행은 어느 방향에 있는가?

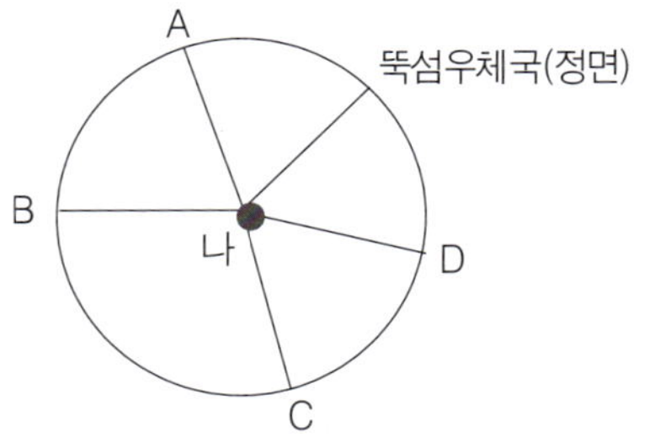


① A ② B
③ C ④ D

03

다음은 위 지도의 특정 부분을 나타낸 것이다.
위의 지도와 다른 것은?

①

②

③

④

정답

01. ❹ 02. ❶ 03. ❷

## 04~06 다음 지도를 보고 물음에 답하시오.

**04**

위의 지도에서 당신의 위치는 A, B, C, D 중 어디인가?

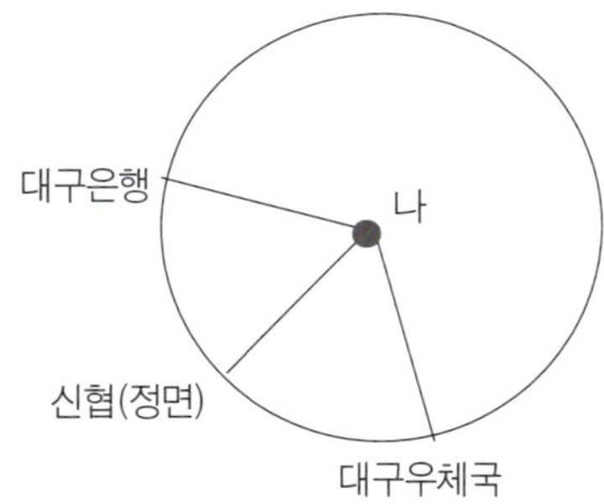


① A ② B
③ C ④ D

**05**

당신이 대구우체국에서 대구광역시청을 정면으로 바라볼 때 대구백화점은 어느 방향에 있는가?

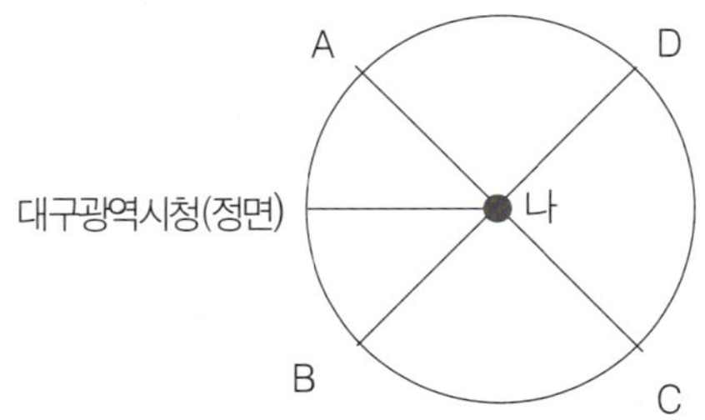


① A ② B
③ C ④ D

**06**

다음은 위 지도의 특정 부분을 나타낸 것이다. 위의 지도와 다른 것은?

①

②

③

④

정답

04. ❸ 05. ❶ 06. ❶

## 07~09 다음 지도를 보고 물음에 답하시오.

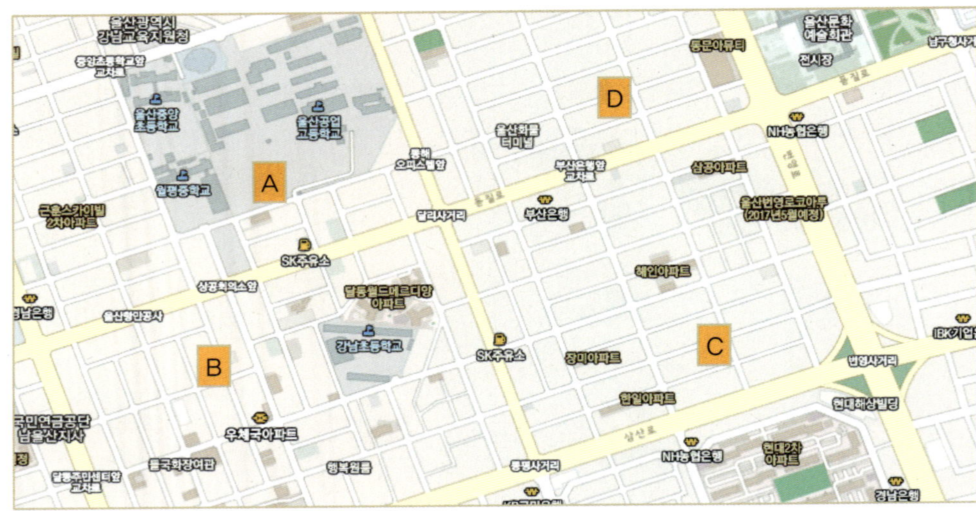


### 07

위의 지도에서 당신의 위치는 A, B, C, D 중 어디인가?

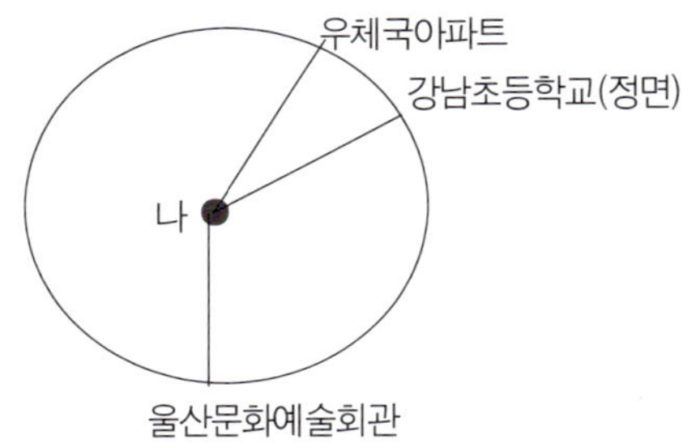


① A　　② B
③ C　　④ D

### 08

당신이 울산공업고등학교에서 강남초등학교를 정면으로 바라볼 때 월평중학교는 어느 방향에 있는가?

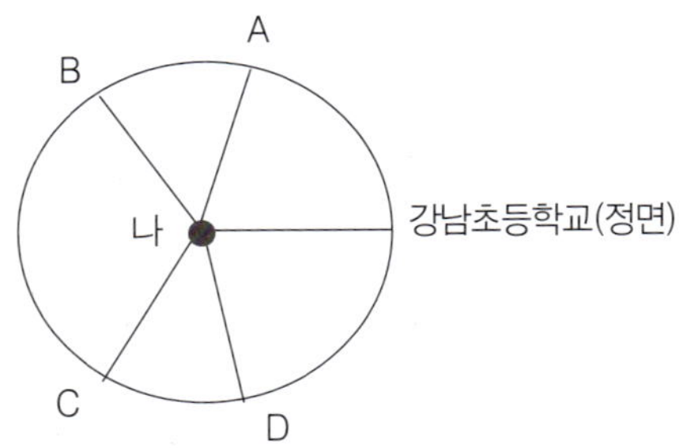


① A　　② B
③ C　　④ D

**09**

다음은 위 지도의 특정 부분을 나타낸 것이다. 위의 지도와 다른 것은?

①

②

③

④

정답

07. ❸ 08. ❹ 09. ❹

## 10~12 다음 지도를 보고 물음에 답하시오.

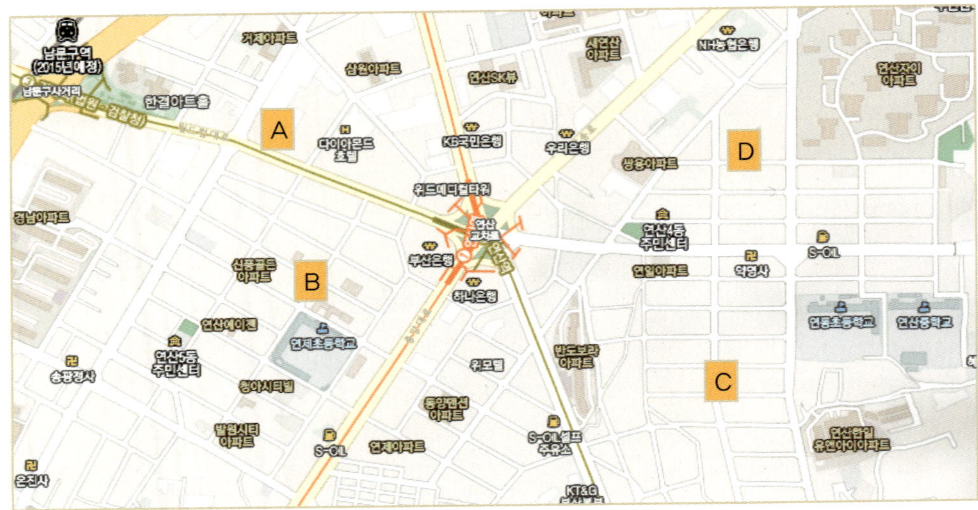


### 10

위의 지도에서 당신의 위치는 A, B, C, D 중 어디인가?

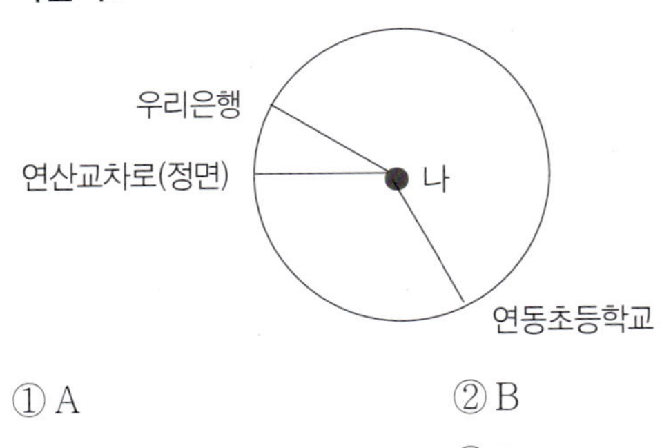


① A ② B
③ C ④ D

### 11

당신이 연산중학교에서 연산교차로를 정면으로 바라볼 때 '연산5동주민센터'는 어느 방향에 있는가?

① A ② B
③ C ④ D

12

다음은 위 지도의 특정 부분을 나타낸 것이다.
위의 지도와 다른 것은?

①

②
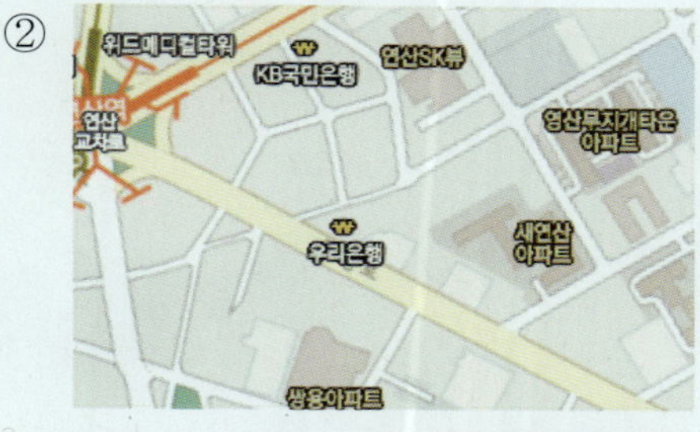


③

④

정답

10. ❹ 11. ❹ 12. ❸

## 13~14 다음 지도를 보고 물음에 답하시오.

**13**

위의 지도에서 당신의 위치는 A, B, C, D 중 어디인가?

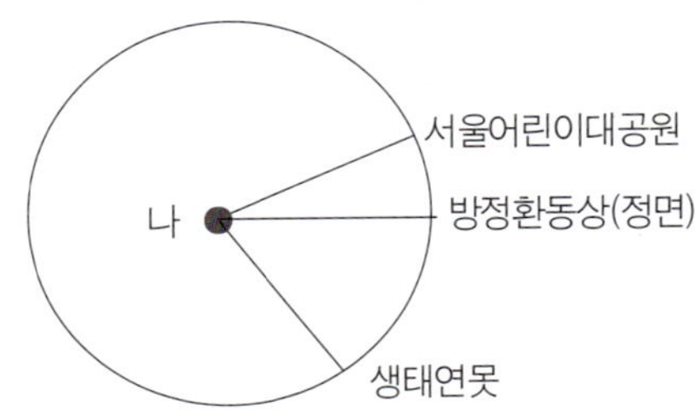


① A ② B
③ C ④ D

**14**

당신이 방정환동상에서 환경연못을 정면으로 바라볼 때 생태연못은 어느 방향에 있는가?

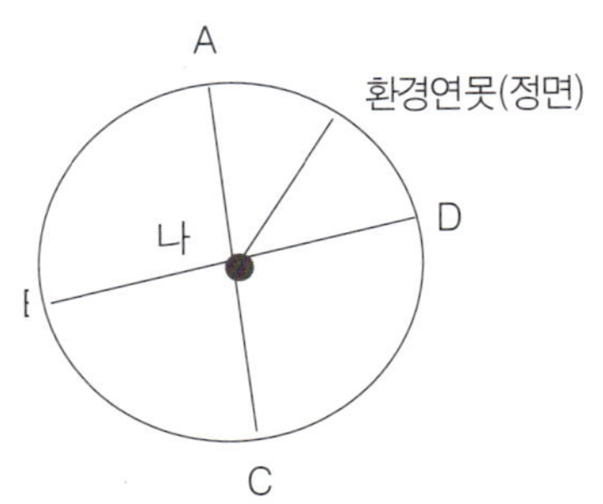


① A ② B
③ C ④ D

**15**

다음은 위 지도의 특정 부분을 나타낸 것이다.
위의 지도와 다른 것은?

①

②

③

④

정답

13. ❶ 14. ❶ 15. ❸

## 16~18 다음 지도를 보고 물음에 답하시오.

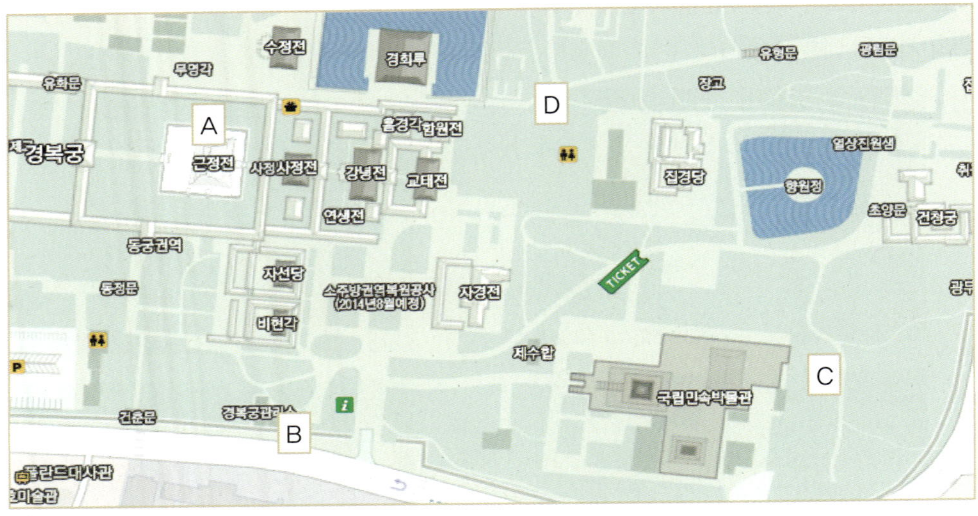


**16**

위의 지도에서 당신의 위치는 A, B, C, D 중 어디인가?

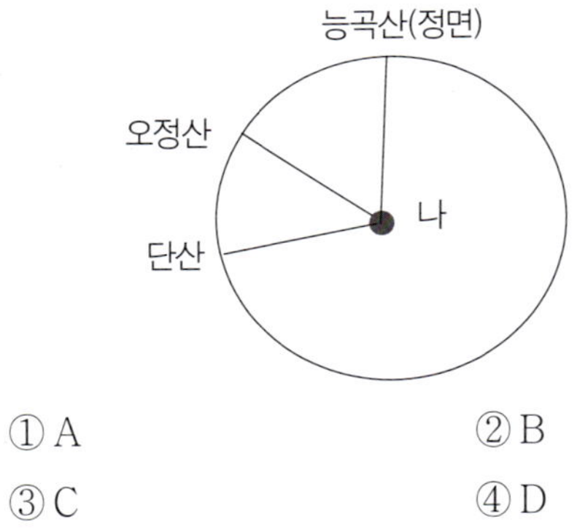


① A ② B
③ C ④ D

**17**

당신이 성주산에서 능곡산을 정면으로 바라볼 때 시루봉은 어느 방향에 있는가?

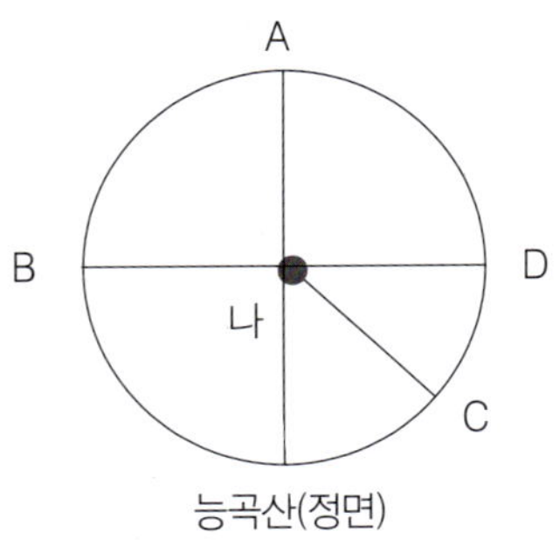


① A ② B
③ C ④ D

**18**

다음은 위 지도의 특정 부분을 나타낸 것이다. 위의 지도와 다른 것은?

①

②

③

④

정답

16. ❹ 17. ❷ 18. ❷

## 19~21 다음 지도를 보고 물음에 답하시오.

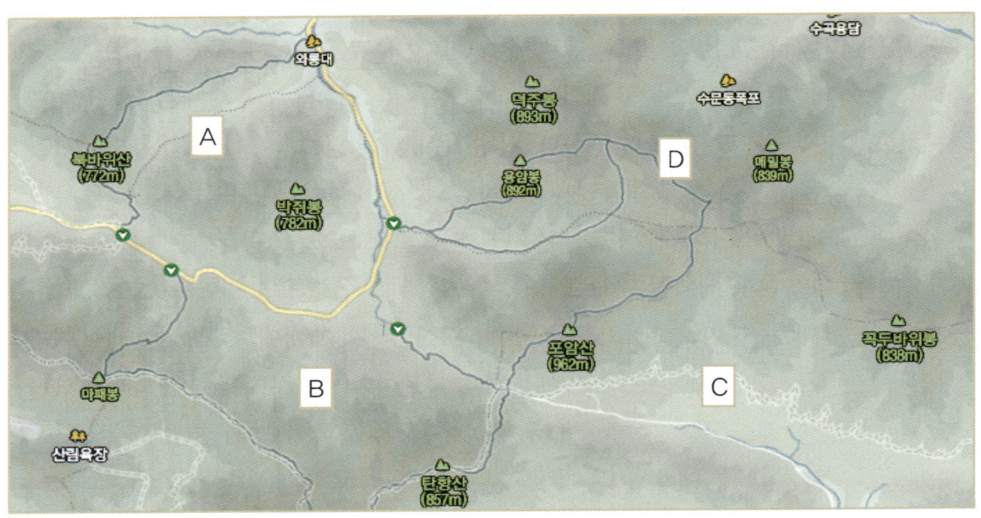


**19**

위의 지도에서 당신의 위치는 A, B, C, D 중 어디인가?

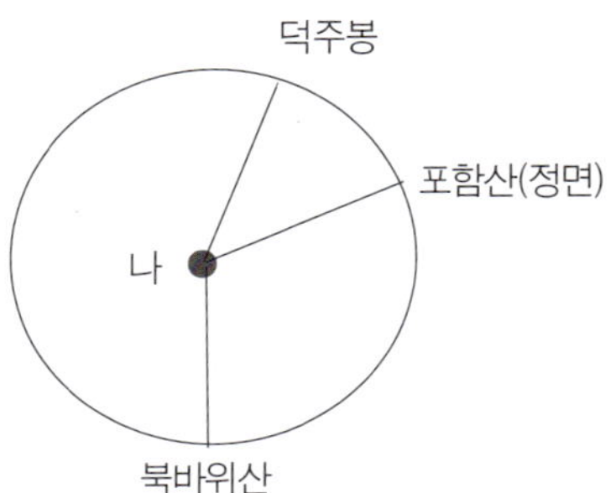


① A ② B
③ C ④ D

**20**

당신이 포암산에서 박쥐봉을 정면으로 바라볼 때 꼭두바위봉은 어느 방향에 있는가?

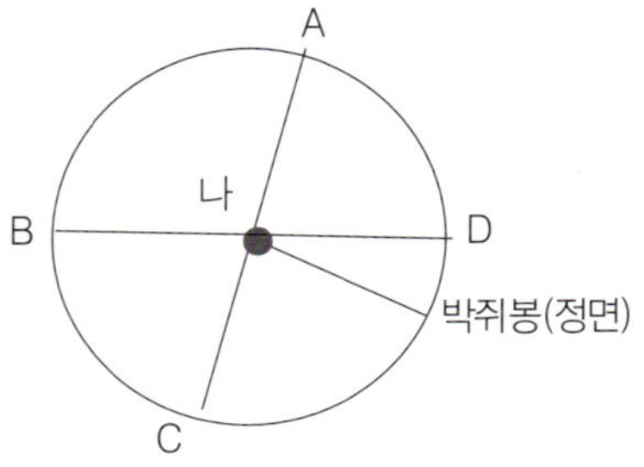


① A ② B
③ C ④ D

**21**

다음은 위 지도의 특정 부분을 나타낸 것이다. 위의 지도와 다른 것은?

①
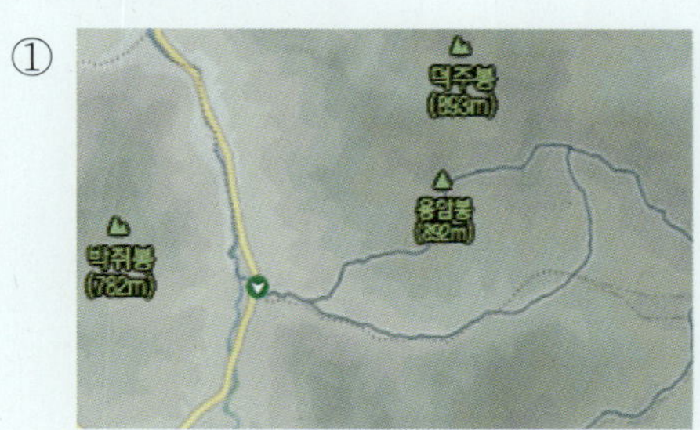


②

③
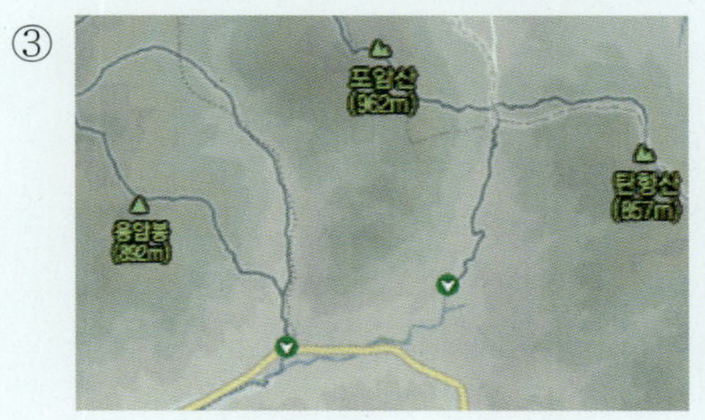


④

정답

19. ❶ 20. ❷ 21. ❹

Chap. 7

# 군대부호

## 학습목표

1. 군대부호의 사용 목적과 사용되는 색채에 대해서 이해를 하여야 한다.
2. 군대 부호에서 외형 부호와 기능부호를 구분할 수 있어야 한다.
3. 부대단위 부호를 이해하고 식별을 할 수 있어야 한다.

# 제1절 개 요

## 1 기본군대부호의 개념

가. 기본군대부호는 군대부호를 표현하는 부호로서 부대, 장비, 시설 등의 위치와 피아 구분, 전장, 상태, 임무 등에 대한 정보를 표시하기 위한 부호이다.

나. 기본 군대 부호는 도형, 숫자, 문자, 약어, 색채 등을 혼합하여 구성한 약정기호이다.

## 2 군대부호의 사용

가. 군대부호는 부대의 작전상황을 정확하게 식별하도록 약정한 도형 보조물이며, 만약에 부호를 임의로 만들어 사용을 할 경우에는 범례를 제시하여 그 의미를 설명하여야 한다.

나. 군대부호는 너무 복잡하거나 상세하면 이해하기가 어렵다. 따라서 군대부호는 간단하면서도 명확한 의미를 가져야 한다.

다. 군대부호를 표기시에는 도북방향으로 향하게 표시해야 한다.

## 3 군대부호에 사용되는 색채

가. 청색 또는 흑색 : 아군 부대, 시설, 장비 등

나. 적 색 : 적군 부대, 시설, 장비, 활동 등

다. 황 색 : 아군 또는 적군의 화생방

라. 녹 색 : 아군 또는 적군의 인공 장애물

# 제2절 군대부호의 분류

## 1 외형부호

### 가. 피아 관계

1) 피아관계는 미식별, 아군, 중립, 적군으로 구분한다.
2) 미식별은 클로버잎, 아군은 원 또는 직사각형, 중립은 사각형, 적군은 마름모형의 외형을 사용한다.

### 나. 전 장

1) 전장은 외형 형태의 부호에 따라 구분한다. 아래쪽이 열린 외형부호는 공중전장, 닫힌 외형부호는 지상전장과 수상전장, 위쪽이 열린 외형부호는 수중전장을 나타낸다.
2) 지상전장은 부대, 장비, 시설로 구분한다.

### 다. 상 태

1) 상태는 대상물의 실제 확인된 위치(현재 상태)와 차후 위치(계획 또는 예상 위치)로 구분한다.
2) 현재 상태(최초 위치)는 실선으로 표시하고 계획 상태(중간 및 차후위치)는 점선으로 도시한다.

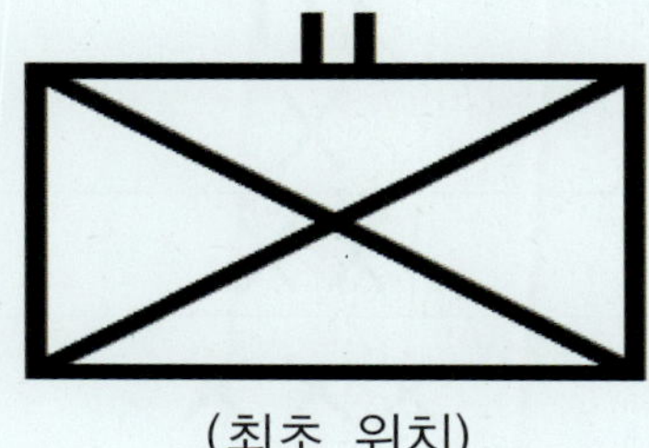

(최초 위치)

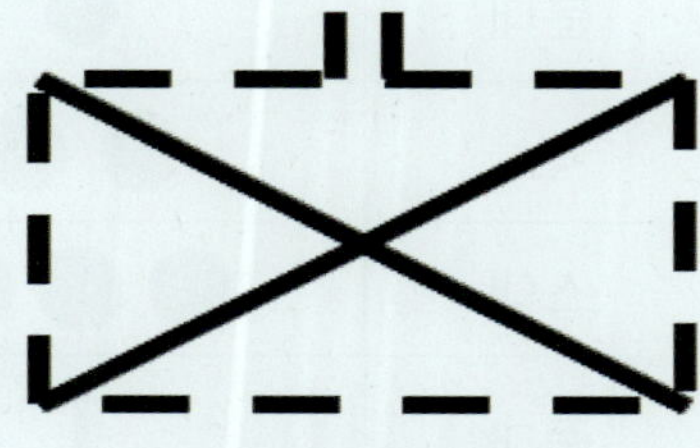

(중간 및 차후위치)

## 2 기능부호

가. 기능부호는 기본군대부호의 외형부호 내부에 표시하고 대상물이 수행하는 역할과 임무를 나타낸다.

나. 기능부호는 개별적으로 사용되거나 2개 이상의 단독 기능 부호와 복합적으로 조합하여 사용한다.

1) 피아관계는 미식별, 아군, 중립, 적군으로 구분한다.

2) 지상부대의 경우 미식별은 클로버잎, 아군은 원 또는 직사각형, 중립은 사각형, 적군은 마름모형의 외형을 사용한다.

| 구분 | 미식별 | 아군 | 중립 | 적군 |
|---|---|---|---|---|
| 외형부호 | | | | |

## 3 부대단위 부호(육군 기준)

| 구 분 | 부 호 | 구 분 | 부 호 |
|---|---|---|---|
| 조 | ∅ | 대대 | \| \| |
| 분대 | ● | 연대, 단 | \| \| \| |
| 반 | ● ● | 여단 | X |
| 소대 | ● ● ● | 사단 | XX |
| 중대 | \| | 군단 | XXX |
| 지역대 | ⩚ | 야전군 | XXXX |

# 제3절 군대부호의 도시

## 1 실제 위치 도시

가. 군대 부호의 실제 위치는 부호의 중앙이고 지휘소는 부대 부호 좌측에서 아래로 연장한 끝이 정확한 위치이다.

나. 배치된 화기는 기본화기 기능부호와 종속화기 기능부호가 만나는 지점이다.

다. 종속화기 기능부호가 없는 화기는 기본화기 기능부호의 시작 부분이 실제 위치이다.

| 부대 실제 위치 | 지휘소 실제위치 | 화기 실제위치 |
| --- | --- | --- |
| | | 화기의 실제위치 |

## 2 화기 기능부호

| 구 분 | 부 호 | 소 | 중 |
|---|---|---|---|
| 보병화기 | ↑ | 유탄발사기 | |
| 복합형 소총 | | 저격소총 | |
| 포병화기 | | 무반동식 화기 | |
| 유도탄 발사장비 | | 로켓추진식<br>화기(다련장) | |

## 3 병과별 부대 부호

| 구 분 | 부 호 | 구 분 | 부 호 |
|---|---|---|---|
| 보 병 | | 공 병 | |
| 기 갑 (궤도) | | 정 보 | MI |
| 방 공 | | 정보통신 | |
| 포병 (자주포) | | 화생방 | |
| 수색/정찰 | | 정비 | |
| 항공 | | 수송 | |

# 부 록

1. 지형 및 기상이 작전에 미치는 영향
2. 작전명령
3. 실습내용
4. 참고문헌

# 부록 1 지형 및 기상이 작전에 미치는 영향

## 1-1 : 5공수 특전여단 예하대대 천리행군 간 민주지산 사고 사례

1998년 4월 1일 오후 1시 45분경에 5공수 특전 여단 예하 1개대대가 충북 영동군 용화면 민주지산일대에서 천리행군을 하는 과정에서 갑자기 몰아 닥친 폭설과 추위로 탈진과 저체온증으로 중대장 김광석 대위 등 6명이 사망하고 많은 인원이 동상에 걸리는 사고가 발생하였다.

당시 군인들이 민주지산을 오르던 중 예상치 못한 비가 내려 온 몸이 흠뻑 젖었으나 행군을 강행하였다. 계속 정상을 향해 걷는데, 기상이 급변하여 4월 봄인데도 갑자기 추워져서 체감기온이 영하 30도에 이르고 거센 눈보라까지 몰아치자, 대원들이 저체온 증세로 쓰러졌다. 게다가 심한 악천후로 헬기도 못 뜨는 등 구조가 늦어져 결국 여단 예하 제23특전대대 소속 김광석 대위, 이수봉 중사, 오수남, 이광암, 한오환, 전해경 하사 등 총 6명이 저체온증으로 동사하였다

1998년 3월 28일(토), 특전사 제5공수특전여단 제23특전대대 소속 대원들은 천리행군을 시작하였다. 칠갑산에서 출발하여 열흘 동안 속리산과 월악산을 거쳐 대모산에서 훈련을 종료하는 일정이었다.

5일차인 4월 1일(수) 오후 1시, 대원들은 전라북도 무주군 하두 마을에서 출발하여 충청북도 영동군 용화면에 소재한 민주지산 정상으로 향했다. 일기예보상으로는 비가 조금 내린다고 하였으나, 출발한 지 1시간쯤 뒤에 비가 많이 내리기 시작했다.

오후 3시, 민주지산 6부능선을 통과할 즈음 비가 갑자기 눈으로 바뀌더니, 오후 4시에 8부 능선을 지날 무렵에는 엎친 데 덮친다고 강한 눈보라가 몰아쳤다. 일기예보에도 없던 기상급변이었다. 이후 부대의 행군속도가 느려지더니, 4시 50분 무렵에는 일부 인원들이 탈진증세를 보였다. 대원들은 기상이 정상화될 때까지 훈련일정을 잠시 중단하고 근처 실내에서 휴식을 취해도 될지 대대본부에 문의했으나, 당시 대대장은 “훈련을 예정대로 강행하라.” 하고 지시하였다.

오후 5시, 선두부대가 민주지산 정상에 도달하였으나 날씨가 워낙 춥고 기상이 나빠 통신장애가 생겼다. 이 무렵 체감온도가 영하 30도에 달했다고 한다. 오후 5시 30분부터는 부대에 탈진자가 다수 나왔으며, 오후 6시 20분에는 9부능선 후미부대에서 첫 사망자가 발생하였다. 후미부대도 얼마 뒤에 정상에 도달했다.

오후 6시 반, 산을 내려가면서 첫 구호소를 설치하여 탈진하거나 저체온증으로 의식을 잃은 인원을 구호하였다. 상태가 상대적으로 괜찮은 인원들은 그대로 하산하였으나, 오후 9시 10분경, 5부능선에서 결국 선두부대에서도 탈진환자가 다수 발생하여 2차 구호소를 설치했다. 다른 병력들은 계속 하산하였으나 또다시 3차 구호소를 설치해야 했다. 병력들 일부가 겨우 겨우 하산하여 민가에 도착한 때는 오후 8시 10분이었다.

영동소방서 119 구조대는 구조요청을 접수하였으나, 기상이 워낙 나빠 헬리콥터를 띄울 수가 없었다. 그래서 구조까지 시간이 걸려 사망자가 더 늘어났다. 구조대는 오후 9시 10분에 도착하여 환자들을 후송하였으나, 후송 도중 사망한 인원까지 포함하여 6명이 숨을 거두었다.

사고의 책임을 물어 대대장이 보직해임 되었다. 또한 고어텍스가 전군에 보급되는 계기가 되기도 했다. 국방부에서는 이 사고를 바탕으로 한 〈아! 민주지산〉이라는 영화를 1999년에 촬영하였다.

## 1-2 : 장진호 전투 사례(6·25전쟁)

미해병 1사단이 개마고원의 장진호 일대에서 영하 40°C의 혹독한 추위와 10배가 넘는 중공군의 포위를 뚫고 건제를 유지하면서 함흥으로 철수하는 데 성공한 전투이다.

1950년 중반, 미국 제10군단의 인천 상륙 작전의 성공과 조선 인민군의 연속적인 궤멸 이후 한국 전쟁은 끝난 것처럼 보였다. 유엔사령부는 북한과 남한을 1950년이 끝나기 전에 통일을 할 의도로 북한 지역으로 빠르게 진격했다. 북한은 통과가 어려운 태백산맥을 중심으로 나누어지는데, 이는 유엔군을 2개의 집단으로 나누는 원인이 되었다. 미국 제8군은 한반도 서해안을 따라 북한으로 진격했고, 국군 제1군단과 미군 제10군단은 동해안을 따라 진격했다.

이 무렵 중화인민공화국은 국제연합에 몇 번 경고를 보낸 이후 전쟁에 개입했다. 1950년 10월 19일, 대규모의 중공군 부대가 중국인민지원군이라는 이름 하에 몰래 국경을 넘어 북한 지역으로 들어왔다. 장진호에 도착한 첫 부대는 중국인민지원군 제42야전군으로 이 부대의 임무는 동해안을 따라 진격하는 유엔군의 공세를 막는 것이었다. 10월 25일 진격 중이던 대한민국 제

1군단이 장진호 남쪽의 황초령에서 중공군과 만났다. 원산에 상륙한 이후 제10군단의 미국 제1해병사단은 제124사단과 11월 2일 전투를 벌였고, 이 격렬한 전투로 중공군은 많은 사상자가 발생했다. 11월 6일, 중국인민지원군 제42야전군은 유엔군을 장진호로 유인하기 위해 북쪽으로 철수하라는 명령을 내렸다. 11월 24일, 제1해병사단은 장진호 동쪽의 진흥리를 점령했고, 서쪽의 유담리도 점령했다.

제8군 구역에서 중공군의 기습 공격이 벌어지자 더글라스 맥아더 장군은 제8군에게 크리스마스 공세를 개시하라는 명령을 내렸다. 공세를 지원하기 위해, 맥아더는 제10군단에게 장진호 서쪽을 공격하고 만포진-강계-희천 보급선을 차단하라고 지시했다. 이에 화답하여 에드워드 알몬드 장군은 11월 21일 계획을 수립했다. 미국 제1해병사단이 유담리를 통해 서쪽으로 진격하는 한편, 미국 제7보병사단이 진흥리 우측방을 방호하기 위해 연대 전투단을 제공하기로 되어 있었다. 미국 제3보병사단은 후방의 치안을 확보하는 한편 서측방을 방호하기로 했다. 이로 인해 제10군단의 전선은 643km의 길이로 얇아졌다.

해병대의 원산 상륙으로 중화인민공화국 주석 마오쩌둥은 전보를 통해 중국인민지원군 제9병단의 쑹스룬에게 대한민국 수도기계화보병사단, 대한민국 제3보병사단, 미국 제1해병사단, 그리고 미국 제7보병사단의 즉각적인 파괴를 요구했다. 마오쩌둥의 긴급 명령으로, 제9병단은 11월 10일 북한으로 들이닥쳤다. UN 첩보망에 감지되지 않은 채, 제9병단은 11월 17일 장진호로 조용히 입성했고, 제20야전군이 제9병단을 지원하는 유담리 인근의 제42야전군을 구출했다.

장진호는 한반도 북동쪽에 위치한 인공저수지이다. 전투의 주요 전장은 흥남과 장진호를 잇는 126km 길이의 도로 주변으로, 이는 유엔군의 유일한 탈출로이기도 했다. 도로가 통과하는 지점에 위치한 유담리와 신흥리는 각각 장진호 서쪽과 동쪽에 위치하고 있었으며 이들은 하갈우리로 이어졌다. 이곳에서 도로는 고토리를 거쳐 진흥리로 이어졌고, 이 도로의 종착지는 흥남 항구였다. 장진호 인근은 인구가 많지 않았다.

전투는 가장 혹독한 겨울 날씨 상황에서 벌어졌다. 도로는 한국의 산악 지형을 뚫고 만들어졌으며 가파른 경사와 골짜기로 이루어졌다. 황초령과 덕동고개와 같은 주요 고지가 도로 전체를 감제하고 있었다. 도로의 사정은 열악했고,

몇몇 구간에서는 도로가 일차선이었다. 1950년 11월 14일 시베리아에서 내려온 한랭전선이 장진호 전체를 뒤덮었고, 이에 따라 기온이 영하 37도까지 내려갔다. 추운 날씨는 땅을 얼게 만들었고, 이로 인해 미끄러운 도로와 동상자 발생, 무기 오작동의 위험도 수반하게 되었다. 모르핀 역시 부상자들에게 투여하려면 얼지 않도록 해야 했다. 냉동 액체는 전장에서 아무런 쓸모가 없었으며 부상을 치료하기 위해 천을 찢는 것은 괴저와 동상의 위험이 있었다. 지프와 라디오를 이용하는 진지들은 온도가 낮아져 제대로 기능을 발휘하지 못했다. 총기의 윤활유는 젤리처럼 변했고 전투에서 총을 쓰는 것도 어려웠다. 격발 핀의 용수철도 총탄을 원활하게 발사하지 못하거나 걸리적거리는 경우도 있었다.

### 11월 2일 수동(水洞) 전투

함흥 북방 수동 일대에서 미국 1 해병사단 7연대 1대대와 북한의 수도 평양에서부터 후퇴한 인민군 344전차대대 잔존 병력과 전투가 벌어졌다. 전투 중 일부 중공군 포로를 발견해 중공군이 한국 전쟁에 개입한다는 첩보가 사실로 확인되었다. 당시 동경의 극동 사령부(FEC, Far East Command)는 CIA와 기타 정보기관의 거듭된 경고에도, 압록강에서 160km 후방인 수동에서 발견된 중공군은 소수의 지원병일 것이라고 추측하고 정보참모 윌로비(Charles A. Willoughby) 소장을 통해 11월 3일 16,500명에서 34,000명 가량의 중공군이 북한 지역에 들어와 있다고 발표하였다. 하지만 중공군은 그 시점에서 제 9병단의 12개 사단과 제 13병단의 18개 사단, 대략 30만명이 이미 북한에 들어와 있었다. 제 7연대는 수동 전투 이후 진흥리까지 진출하는데 꼬박 닷새를 보냈고, 3,000 명의 연대 병력 중 전사 50명, 부상 200명의 피해를 입었고 중공군은 1,500명이 전사한 걸로 파악하고 있었다.

### 11월 7일~11월 26일

7연대 병력은 별다른 전투없이 11월 7일 황초령 문턱에서부터 15일에는 장진호 남단 하갈우리를 거쳐, 25일에 장진호 서편 유담리에 진출하였다. 26일에는 7연대는 장진호를 중심으로 서쪽, 5연대는 하갈우리 북방, 1연대는 후방을 담당하는 형태로 배치되었다. 이 기간 동안 스미스 사단장은 하갈우리에 보급품을

비축과 야전활주로 건설을 지시하였다. 한편, 서부전선에서 중공군은 11월 24일에 제 4야전군 예하 13 병단(약 18만명)과 제 3야전군 예하 9병단(12만명)을 미 8군 전면과 미 10군단 1 해병사단 전면에 배치하였고 11월 25일에는 미 8군의 우측을 공격하여 한국군 2군단이 붕괴될 위기에 처하였다. 또한 미 2 보병사단도 공격을 받아 당일에만 4,000 여명의 병력과 사단 포병장비도 대부분 잃었다.

## 11월 27일

장진호 전투의 중공군 공격, 10군단장 알몬드 소장의 명령으로 해병 1사단은 당일부터 5연대를 주공으로 포위기동의 북쪽 날개로써 미 8군을 포위하고 있던 중공군을 격퇴하고 미 제8군과 함께 낭림산맥 서쪽으로 공격할 예정이었으나 계획과 달리 포위작전을 하였다. 중공군은 9병단 8개 사단 약 6만여 명의 병력을 작전의 방어부대인 미 제8군이 중공군의 공격으로 후퇴하기 시장진호에 집결시켰다. 이중 3개 사단은 유담리에 대한 공격을 준비 중이었고 1개 사단(80사단)은 하갈우리 포위를 위해 미 해병 제1사단의 우측 방어를 담당하고 있던 미 제7보병사단 31연대전투단에 대한 공격을 준비 중이었다. 당일 연합군 병력은 해병과 해군위생병 13,500명과 육군 4,500명에 불과하였다.

### 중공군의 유담리 공격

27일 밤, 중공군 제79 및 제89사단은 유담리에 대하여 공격을 개시하고 이 공격으로 인해 미국 1 해병사단 7연대 E중대와 중공군 제 79사단 235연대가 서로 막대한 피해를 입었다.

### 중공군의 31연대전투단(일명: Task Force Maclean)에 대한 공격

27일 밤 11시경부터 중공군의 공격이 시작되었지만 장진호 동안에 산재해 있던 연대 산하 3개대대는 유무선 통신이 전혀 연결되지 않아서 제각기 중공군과 맞서야 했으며 해병대와 서로 협조가 되지 않은 상태였다. 이 공격으로 32연대 1대대, 후동 지휘소의 제31연대 전차중대[51], 제31연대 3대대, 그리고 제57야전포병대대가 큰 피해를 당했다.

### 11월 28일

중공군은 27일 밤부터 28일까지 미 해병 16개 소총중대 가운데 3개 중대를 격멸하고 많은 고지를 탈취하였다. 이틀에 걸친 공격으로 중공군은 3개 사단

(79, 89, 59사단)이 미국 1 해병사단을 세 개의 조각으로 분산시켜 각 부대를 유담리, 하갈우리, 고토리로 각각을 고립시켰으며 부대 간의 연결도로도 차단하였다.

제5해병연대와 제7연대는 신속히 방어로 전환하여 병력을 절약해야 한다는 결론에 도달하여 해병 5연대 2대대는 오후부터 철수를 개시하여 밤8시에는 서남쪽 산으로 철수를 완료하고, 좌는 제7해병연대 3대대, 우는 제5해병연대 3대대와 연결하여 진지 편성을 마쳤으나 중공군 제58사단이 미 해병 1사단과 보병 7 사단의 사령부가 위치해있고 주요 보급기지 역할을 하고 있는 하갈우리를 포위하고 유담리, 고토리와의 연결을 차단하여 포위된 상태나 마찬가지였다. 한편, 이틀에 걸친 공격으로 중공군 제79, 89사단은 전력을 재편성중이어서 미 해병 5, 7연대에 대한 대규모 공격을 실시할 능력이 없었다.

### 극동사령부의 판단

에드워드 알몬드 미 제 10군단장은 이날 하갈우리의 미 사단사령부와 장진호 동안에 위치한 31연대전투단의 맥클린 대령을 방문하여 한반도 북부에 중공군 2개 사단은 존재하지 않으며 전날 공격한 부대는 패잔병들이므로 적에게 빼앗긴 고지를 탈환하고 북쪽을 향한 공격을 재개하라는 명령을 내렸다.

알몬드는 흥남으로 돌아오는 도중 동경에서 열리는 전쟁대책회의에 참석하라는 지시를 받았다. 이 회의에서도 10군단은 계속 진격해야 한다는 의견을 계속 피력하였으나 다음날 새벽에 끝난 회의에서 10군단은 함흥-흥남지역으로 병력을 집중하라는 지시를 받았다. 극동사령부도 중공군의 개입을 워싱턴에 보고하였고 워싱턴도 공세에서 수세로 전환하려는 맥아더 사령부의 계획을 승인하였다. 연합군 사령부 일부는 미 8군이 계속 후퇴함에 따라 흥남에서 미 10군단을 철수시키는 계획을 수립하기 시작했다.

### 11월 29일

### 31연대전투단(페이스 특수임무부대)

27일부터 공격을 시작한 중공군은 28일 자정무렵부터 중공군 80사단의 예하 부대로 새로운 공격을 개시하였다. 이 전투로 연대장이 포로로 잡혀 전사하였고 페이스 중령이 새로운 지휘관이 되었다. 10군단은 이른 아침에 해병 1사단 스미스 소장에게 해병 1개 연대를 유담리에서 하갈우리로 이동시켜 페이스 부대를 구출하고 하갈우리-고토리 간의 도로를 개통하라는 명령을 내렸다. 그리고 오후 8시 27분 기준으로 장진호 지역의 모든 병력은 스미스 소장의 작전통제하에 두게 하였다. 미 7 보병사단 부사단장이 헨리 호즈 준장도 스미스 소장에게 구조요청을 보냈지만 제5, 제7 해병연대는 중공군 3개 사단에 의해 유담리에서 포위 고립되어 있었으며 하갈우리에는 고토리까지의 주보급로를 개통할 병력은 물론 하갈우리 방어에도 병력이 부족하였다. 알몬드 장군은 아직 장진호의 전황을 정확히 파악하지 못하고 있었다. 스미스 소장은 호즈 준장에게 페이스 부대는 병력을 모아 하갈우리로 집결하라는 명령을 내렸다.

### 하갈우리 방어작전

### 11월 28일

하갈우리 방어는 제1해병연대 3대대가 맡고 있었다. 하갈우리에는 육군, 해군, 해병대, 한국군 등 58개 부대 3,913명이 있었는데 대부분이 10명 이하로 구성된 선발대나 파견대였기 때문에 통합 지휘가 필요하여 이날 오후 3시경에 3대대장이던 리지 중령이 하갈우리지역 방어작전의 통합지휘관으로 임명되었다. 하갈우리 방어 전면은 약 2,200m였다. 하갈우리 방어를 위해 제11포병연대의 2대대 D포대가 지원하였다.

남서면 전투는 H중대와 I중대가 중요 전면을 담당하고 있었다. 밤 10시부터 시작된 공격으로 0시 경에는 중공군 172연대가 H중대 전면을 돌파하였고 사단장 숙소에까지 기관총 사격을 퍼부었다. 0시 30분경에 공병과 운전병으로 편성된 약 50명의 예비대가 역습을 감행하여 일부지역을 회복하고 저지진지를 점령했다. I중대는 진지강화를 한 덕분에 돌파는 당하지 않았고 아침6시 30분에 주저항선을 회복했다.

동부고지(이스트 힐)전투는 제1해병연대 G중대는 방어할 예정이었으나 고토리에서 하갈우리로 들어가다가 중공군의 강력한 공격 때문에 좌절되었다. 제10전투공병대대 D중대를 주축으로 방어를 하였으나 29일 새벽2시부터 시작된 공격으로 미 제10군단 사령부 경계부대인 한국군 1개 소대를 돌파한 뒤 중공군은 하갈우리 방어진지 관측이 가능한 동부고지에 견고한 진지를 구축하였다.

포병과 박격포를 동원한 화력 지원으로 중공군의 공격을 막아내었으며 이 전투 와중에도 방어진지 내에서는 활주로 공사가 계속되고 되었다.

### 11월 29일

하갈우리는 2개 중대 병력의 규모가 방어하고 있었으며 동부고지는 3개 소대가 겨우 진지를 유지하면서 중공군과 대치중이었다.

### 죽음의 계곡

하갈우리 방어를 위해 오전 9시 45분, 전차 29대와 일반 차량 141대 등 다수의 차량을 보유한 드라이스데일 특수임무부대가 남쪽 고토리로부터 북쪽 하갈우리를 향해 진격을 개시했다. 매복 중인 중공군 제 58사단의 강력한 저항으로 부대는 공격개시 후 4시간 동안 겨우 4km밖에 전진할 수 없었다. 오후 1시 50분, 눈보라와 강풍의 악천후 속에서 부대는 F4U 코르세어기 2대의 엄호 하에 전차부대를 선두로 공격을 재개했다. 오후4시 15분, 부대는 고토리 북방 6.5km지점에서 도로 유실과 노면 상의 탄흔 등의 장애로 더 이상 전진할 수 없었다. 부대장은 스미드 사단장에게 보고하였으나 증원군 없이는 하갈우리 방어가 불가능하다고 판단한 스미스 사단장은 전진을 계속하라고 명령했다. 극심한 전투 속에 드라이스데일 중령과 부관이 부상을 당했고 종대 중반에 위치한 탄약차량이 공격을 받았다. 이 화재로 인하여 도로가 폐쇄되었고 부대의 절반 가량이 후방에 고립되었다. 고립된 후방부대는 영국 코만도부대원 일부, 제31연대 B중대의 대부분, 그리고 사단 사령부 및 보급정비부대의 주력이었다. 최고 선임자인 사단 군수참모 보좌관인 아더 챠이데스타 중령이 차량종대에게 고토리로 돌아갈 것을 명령했으나 고토리에서 가장 가까운 곳에 있던 그룹의 전차와 트럭을 제외하고는 4개의 그룹으로 분산되어 방어진지를 구축해야 했다. 다행히 후방 2개 그룹은 다음날 새벽 2시 30분 경에 고토리로 귀환하였으나 전방의 2개 그룹은 중공군에 항복하였다. 선두 부대는 후속부대가 포위된 지 모르고 계속 전진하여 29일 저녁7시 15분 하갈우리에 도착하였다. 하갈우리에 약 300명의 보병과 100명의 전차병이 증강됨으로써 어느 정도 안정을 찾을 수 있었으나 드라이스델 특수임무부대는 전투력의 3분의 1을 상실하는 큰 피해를 입었다. 이날은 드라이스데일부대가 하갈우리 남쪽에서 교전한 것 외에 큰 전투는 없었으며 중공군 제58, 제59사단의 일부가 다음날인 30일의 하갈우리 공격을 준비하고 있었다.

### 11월 30일

오전 8시에 미군이 소대와 배속된 공병 2개 소대로써 중공군이 점령한 동부고지를 공격했지만 큰 성과를 얻지 못하였다. 밤 0시부터는 중공군이 전날보다 강력한 화력과 인원으로 남쪽의 중대정면과 동부고지의 G중대 정면을 공격하였다. 중대는 비행장을 직접 방어하고 있었기 때문에 지뢰, 철조망, 조밀한 화망 구성으로 가장 강력한 방어진지를 구축하고 있어 많은 사상자를 내고 후퇴하였다. 동부고지에 위치한 G중대는 중공군의 공격으로 중대장이 부상당하였으나 12월 1일 새벽에 영국 코만도부대를 동부고지에 투입하여 역습을 감행 아침 9시경에는 전날의 진지를 회복하였다. 11월 28일부터 시작된 하갈우리 공격으로 양측은 미군 전사상자 315명, 중공군 전사상자 8,500여명 가량으로 추정된다.

## 포위망 탈출

### 11월 30일

장진호 서쪽의 160km 지점에서는 미 8군단 보병 제2사단이 괴멸에 가까운 타격을 입고 후퇴하고 있었다. 미 8군단의 퇴각과 미 해병사단의 위기로 인해 트루먼 대통령은 맥아더가 원자폭탄을 쓸 수 있게 허락할 수도 있다고 말하였다. 새로운 전황보고를 받은 10군단은 이날 오후 7시 30분 군단을 함흥-흥남지역으로 집결하고 제1해병사단은 먼저 하갈우리-수동간의 도로를 확보하면서 하갈우리로 집결하라는 명령을 내렸다. 이에 사단은 제5해병연대가 유담리 방어를 담당하고 제7 해병연대는 하갈우리까지의 도로를 개통하라는 명령을 내렸다. 해병 7연대와 5연대는 하갈우리로의 철수를 위해 병력을 재배치하였다.

## 12월 1일

이날 아침, 미 해병사단은 제5해병연대 3대대를 전위부대로 해서 제 5, 7 해병연대를 유담리-하갈우리 간의 도로를 경유하여 신속하게 하갈우리로 전진하도록 명령하였다. 오전 8시부터 해병 5연대 3대대를 시작으로 철수를 시작하였다.

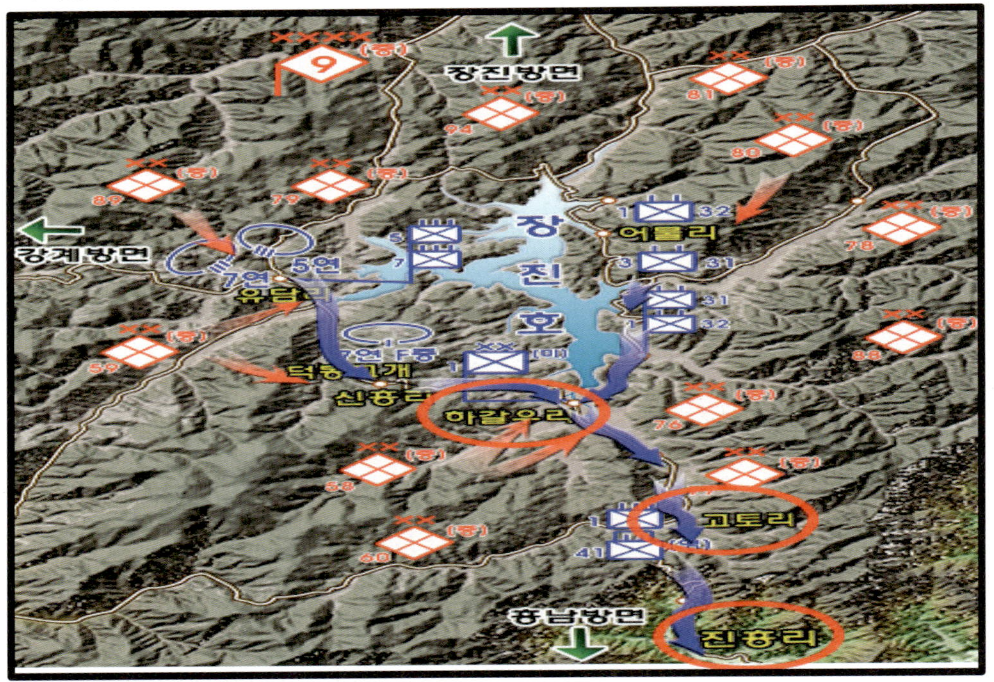

## 전위부대

오전 9시에는 해병 7연대 3대대는 도로상의 주력부대가 1542고지의 동쪽을 통과할 때까지 엄호하기 위해 1419고지, 1542고지에 대한 공격을 개시하였으나 정상을 정복하지 못하고 그 동쪽 경사면에 진지를 구축하였다. 중공군 제79사단 235연대의 4개 대대도 이날 아침부터 다음 날 새벽에 걸쳐서 1542고지의 동쪽 경사면의 제7해병연대 3대대에 공격을 가했다. 이 공격으로 G와 I중대의 병력은 200명 남짓으로 줄어 들었다. 중공군은 12월 1일 심야부터 새벽까지 철수 부대와 전위부대인 제5해병연대 3연대에 대해서도 맹렬한 공격을 가해 I중대의 병력이 20명밖에 남지 않을 정도로 타격을 주었다.

## 측위부대

제5 해병연대 1대대가 북쪽을 향해 진지를 점령하고 유담리 분지와 장진호로부터의 공격에 대비하고 있었다. 밤 9시 경부터 중공군 소수병력에 의한 침투는 밤새도록 지속되었다. 대대는 2일 정오가 지나서 진지를 철수하여 주력종대의 좌측방을 엄호하는 임무를 맡았다.

제7해병연대 1대대는 영하 31도의 혹한과 적설을 뚫고 밤 9시에 1419고지로 출발했다. 이때, 1대대는 미군으로는 드물게 야간 산악행군을 감행하여 중공군의 저항을 받지 않았다. 제 1대대는 1520고지 동쪽 경사면에서 중공군 약 1개 소대를 격멸하고 12월 2일 새벽 3시 경에 재편성을 완료하였다. 부대를 정지 시키자마자 피로에 지친 병들은 그대로 눈 위에 쓰러져 추위도 적탄도 아랑곳없이 잠을 자려고 하여 장교와 부사관들은 이들을 깨우느라 정신이 없었다. 하갈우리의 야전활주로가 완성되어 부상자에 대한 후송이 이루어지기 시작했다.

## 페이스 특수임무부대

중공군은 12월 1일 자정 무렵부터 공격을 개시하여 31연대 3대대의 방어선을 돌파하였다. 오전 9시 경에 가진 연대 참모들과의 회의에서 페이스 중령은 약 30대의 트럭과 3,000여 명의 병력을 하갈우리로 철수시키기로 결심하고 제 1해병단의 근접항공지원에 맞춰 오후 1시 경에 바탕으로 하갈우리로 출발하였다. 출발과 동시에 도로 양편에 위치한 중공군은 사격을 받았고 항공지원을 한 코르세어기가 네이팜탄을 너무 빨리 터트려 아군 행렬 내에서 폭발하였다. 이로 인해 부대의 전술적 통제가 무너졌고 퇴각 도중에 밤이 되어 항공지원이 끊기자 페이스 중령을 포함한 부대원 대부분이 사살당했다. 육군이 아닌 해병 전방 항공통제관인 스탬포드 대위가 남은 병력 1000여 명을 인솔하여 하갈우리에 간신히 도착하였다.

### 12월 2일

새벽 6시경, 해병 7연대 1대대는 5일 동안 고립되어 있던 F중대 구출을 위해 1653고지(덕동산)에 대한 공격을 개시하여 F중대와 합류에 성공하였다. F중대는 5일 동안 전사 26명, 실종 3명, 부상 89명의 총 118명의 사상자가 발생했다. 중대 장교의 7명 중 6명이 부상을 입었고 병 전원이 동상과 설사로 고통을 겪고 있었다.

### 후위 부대

해병 5연대 2대대는 1276고지를 중심으로 방어진지를 편성하고 주력이 통과한 후에는 그 후위가 되는 임무를 맡고 있었다. 이날 0시경부터 중공군은 1276고지에 대한 공격을 개시했다. 해병 좌측 1개 소대가 포위되기도 했으나 전투기의 야간 근접지원으로 정오까지 중공군과 능선 쟁탈전을 되풀이하면서 차량종대의 통과를 엄호했다. 이후 대대는 코르세어 전폭기의 엄호를 받으면서 후위로 출발했다.

### 차량종대

도로를 통해 후퇴하는 부대는 해병포병 3개 대대(제1, 3, 4대대)로서 합계 48문, 차량 400~500대였다. 중공군은 주요 고지를 점령한 미군과 미 항공단의 공중지원으로 도로 주변에서 소규모 공격에 주력하였다. 이날 밤에도 포병 제3대대를 공격하여 105mm포 1문과 차량 여러 대를 파괴했다.

### 12월 3일

전선에 눈이 내려 약 13cm의 적설량을 기록하였다. 이날 아침 해병 7연대 1대대는 덕동고개의 동쪽 고지에 위치한 중공군 1개 대대를 공격하여 오전 10시 30분 경에 진지를 점령하였다. 오후1시, 해병 5연대 3대대는 덕동고개에 도착하여 해병 7연대 1대대와 합류했다. 11월 30일부터 시작된 작전으로 전위대대는 약 56%의 병력을 손실했다. 덕동고개에서 하갈우리까지는 항공지원단의 엄호를 받으며 해병 7연대 1대대를 선두로 하여 철수하였다. 저녁 8시 경에 선두부대가 하갈우리에 도착하였다.

### 12월 4일

맨 후위인 해병 7연대 3대대가 하갈우리 진지에 도착 완료한 것은 이날 오후 2시 경이었다. 해병대가 유담리에서 하갈우리까지 약 22km를 돌파하는데 선두는 59시간, 최후미는 77시간이 소요되었다. 한 시간에 약 286m 내지 370m, 즉 1km를 전진하는데 평균 2시간 40분에서 3시간 30분이 걸린 셈이 된다. 부상자는 약 1,500명(이중 약 600명은 들것에 실려야하는 중상자였다) 이었는데 한명도 남기지 않고 전원 후송했으며 그 중 3분의 1은 비전투 손실로서 주로 동상환자였다. 155mm야포 9문과 골짜기에 굴러 떨어진 지프차 몇 대를 제외하고는 거의 모든 장비를 철수 시킬 수 있었다. 한편, 같은 날인 12월 4일 대한민국 국군이 조선민주주의인민공화국의 실제 수도였던 평양에서 철수했다.

### 12월 5일

## 장진호에서 흥남으로 향하는 후퇴로

하갈우리에서는 1일부터 이날 밤까지 약 4,000여 명의 부상자가 일본으로 후송되었다. 서부전선의 미 제8군은 평양-원산간의 방어선 형성이 불가능하여 이날 평양에서 철수하였다.

### 12월 6일

이날 오후 2시 40분 경 하갈우리 통신중계 설비가 해체되었다. 오후 6시에는 야전활주로가 폐쇄되었다. 그때까지 4,312명이 후송되었으며 시신 173구도 함께 후송되었다. 미 수송기를 통해 보급품을 지원받은 미국 1 해병사단은 차량 1,000대를 이용해 중공군 9병단의 포위망을 뚫고 하갈우리에서 고토리로 후퇴하였다. 그리고 대한민국이 12월 4일에 가장 마지막으로 후퇴함으로써, 조선민주주의인민공화국이 수도 평양을 수복하였다.

### 12월 7일

자정 무렵에 1만여 명의 병력과 1천대 이상의 차량이 하갈우리를 빠져나와 약 40시간 만에 고토리에 모두 도착하였다.

### 12월 9일

미 10군단은 모든 유엔군은 흥남지역으로 철수하라는 작전명령을 하달하였다.

### 1950년 12월 10일

USS Begor호가 흥남부두 폭파를 지켜보고 있다.

오전 6시, 미국 1 해병사단의 행군 행렬이 함흥에 도착하기 시작했고 12월 11일 저녁까지 최종부대가 함흥에 도착했다. 흥남에서는 14일부터 24일까지 유엔군 12만명과 피난민 10만명이 해상으로 철수하였다.

## 피해 및 전투 환경

11월 27일부터 12월 11일까지 미군 1 해병사단은 전사상자 3,637명 비전투 전사상자 3,657명을 기록했고 비전투사상자 대부분은 동상환자였다. 중공군 9병단은 장진호 전투로 무력화되었는데 10월 15일부터 12월 15일까지 전사 25,000명, 부상 12,500명에 가까운 사상자가 발생했다.

양쪽 군대 모두 절반 이상 심한 동상에 걸렸다. 당시 개마고원의 장진호 일대는 고도 1000미터의 산악지형으로서, 낮 기온은 영하 20도, 밤 기온은 영하 32도였다.

당시의 혹독한 추위로 인해 중기관총은 반드시 부동액을 채워야 했고 경기관총은 불발을 방지하기 위해 목표가 있건 없건 주기적으로 사격을 해야 했다. M1총은 윤활유가 얼어붙는 것을 방지하기 위해 엷게 발라야만 했다. 공중에서 투여되는 보급품도 땅 표면에 부딪혀서 깨지는 바람에 탄약의 경우는 25% 정도만이 사용이 가능한 상태였다. 차량도 일정간격으로 가동을 시켜주지 않으면 시동이 걸리지 않았다. 땅 표면도 두껍게 얼어있어 참호를 파거나 축성을 하는 일은 극심한 노동이었다. 가장 큰 문제는 동상 방지였는데 전투나 작업 후에 땀을 흘리고 나면 발과 발싸개 사이에 얇은 얼음막이 생겨 양말을 갈아 신지 않을 경우 대부분 동상에 걸렸다. 부상자를 위한 수혈관이나 모르핀도 얼어버려 사용이 어려웠으며 부상자를 위한 붕대로 함부로 갈 수 없었다. 전투식량도 일일이 녹여 먹을 수 없어서 얼음조각이 있는 상태로 먹었기 때문에 전투 기간 내내 병들은 심한 장염과 설사에 시달렸다. 계속되는 전투로 침낭에 들어가 잠을 자는 것도 거의 불가능했는데 적의 기습에 대비해서 침낭 속에 잘 때에도 지퍼를 잠그는 것은 금지되어 있었다.

미 해병대는 전사한 전우의 명예를 생각해서 죽음을 무릅쓰고 부상자와 시신을 회수하는 전통이 있다. 동료 전사자의 시신을 거두기 위해 또다른 사상자가 발생하기도 하였다.

당시 전시에 동원된 중공군 사단은 6,500명에서 8,000명으로 구성되어 있었고 포병은 미군의 공습 때문에 대부분 후방에 둔 채 투입되었다. 당시 중공군 9병단의 임무는 서부전선에서 미 8군단과 대치 중인 제 13병단의 측면을 방어하는 것과 장진호 부근의 미 10군단을 공격하는 것이었다. 중공군은 11월 초 미 제1 기병사단과의 전투 이후에 미군 보병은 보급이 끊기면 전투의지가 약화되고 후방과 연결이 차단되면 후퇴하며 야간 공격에 취약하다고 분석하였다.

# 부록 2 작전명령

## 2-1. 작전명령 포함내용

| 명령양식 | 포함내용 |
|---|---|
| 1. 상 황<br>가. 적군<br>나. 아군<br>다. 배속 및 파견 | • 적 배치 및 활동, 능력에 관한 첩보 |
| | • 중대의 임무 / 중대장의 의도<br>• 공격선 전방의 전투지대에서 활동하는 아군 공세행동 부대 및 위치<br>• 소대의 좌·우 인접소대<br>• 차상급 전투지원부대의 전술적 임무 |
| | • 상급 전투지원부대가 소대에 배속된 분대 및 유효시간 |
| 2. 임 무 | • 소대의 임무를 "누가", "무엇을", "언제" 필요시 "왜" 및 "어디서" 요소를 포함 |
| 3. 실시<br>가. 작전 개념<br>나. 예하 부대 과업<br>다. 협조 지시 | • 소대 기동계획인 공격대형과 화력운용에 관한 소대장의 복안을 포함 |
| | • 기동부대, 편제상 전투지원부대의 배속상황과 예하부대가 수행할 의무 |
| | • 2개 분대 이상의 예하분대에 공통적으로 해당되는 사항 및 협조에 관한 내용<br>- 공격개시선, 배속 유효 시간<br>- 작전간 유의사항, 돌격선 등 |
| 4. 작전지속 지원 | • 취사에 관한 사항<br>• 전투탄약 휴대에 관한 지시<br>• 탄약분배소 및 구호소의 위치<br>• 필요시 목표 탈취 후 중대 보급지점의 위치 |
| 5. 지휘통제<br>가. 지휘<br>나. 통신 | • 소대관측소의 최초 위치 및 목표 탈취 후의 위치<br>• 소대장의 최초 위치 및 작전간의 위치<br>• 소대장 유고시 대리임무 수행 지정 |
| | • 무전기 또는 통신수단의 사용과 제한사항<br>• 신호규정 |
| ※ 작전명령 양식에 포함된 내용 중 준비명령에 포함되었거나 작전에 영향을 주지 않는 사항은 삭제할 수 있다. | |

## 2-2. 준비명령 포함내용

1. 상 황
   - 아군상황

2. 임 무
   - 임무분석 결과, 예상되는 임무

3. 실 시
   가. 예하부대 과업 나. 시간 사용 계획
   다. 기동계획 복안 및 임시 전투편성

4. 작 전 지 속 지 원

5. 지 휘 통 제

※ 포함사항 : 부대이동 및 시간사용계획, 정찰, 명령하달. 예행연습계획

## 2-3. 단편명령 포함내용

1. 상 황 : 변 경 없 음

2. 임 무 : 변 경 없 음

3. 실 시
   가. 작전개념 : 변 경 없 음
   나. 예하부대 과업
      1) 1소대 : 현 위치에서 급편진지 편성
      2) 2소대 : 계속 공격
      3) 3소대 : 2소대의 초월 목표 "1" 확보

4. 작 전 지 속 지 원

5. 지 휘 통 제

## 2-4. 명령하달 예문

### 2-4-1. 공격명령

**지형 / 기상설명** *(현위치, 목표, 공격개시선, 고지, 도로, 기상 등)*

다들 모였나? 7·8번 기관총 사수, 부사수는 적 접근로가 잘 보이는 저 위치에서 경계를 서도록 해라. 7번 기관총 사수, 분대자의 목소리가 잘 들리나(명령하달 시 목소리가 너무 크지도, 작지도 않은가를 확인). 그래 좋다. 명령하달에 앞서 지형설명을 하겠다. 전방 12시 방향에 정자가 보이나? 그 우측에 보이는 고지가 금번 작전간 우리 소대가 확보해야 할 목표인 무명 225고지이다. 우리는 공격개시선에 위치하고 있으며, 공격개시선은 좌로 (적색 굴뚝이 보이나?) 홍익산업과 우로는 165고지 통제탑을 연하는 선이다. 우리의 기동로인 전방 목표지역까지 종으로 발달된 능선은 기동에 비교적 유리하고, 우거진 수풀은 기동간 양호한 은폐를 제공할 것이다. 지작전간 기상으로 우리가 공격을 개시하는 05시 기온은 약 24℃로 예상되며, 안개가 많아 기동간 은폐를 제공할 것이고, 바람은 북동풍으로 적방향으로 불고 있어 연막이 지원될 시 고려해야 한다. BMNT는 04:20, EENT는 20:55으로 지금까지 지형과 기상에 대해 간단히 설명하였는데 질문 있으면 질문하라.

*(Tip : 기상과 지형은 실제 지형 및 기상에 적용하고, 아군에게 유리한지 또는 불리한지 등 미치는 영향을 판단한다. 설명 시에는 반드시 실지형을 손으로 가리키며 명령을 하달한다.)*

**1. 상 황**

**가. 적 군** *(규모, 활동 / 위치, 방어양상 : 적 장애물 / 경계부대)*

1) 225고지에서 185고지를 연하는 선 일대에 적 1개 소대가 일선형으로 배치되어 있으며 185고지, 195고지, 225고지에 각 1개 분대규모로 방어 준비 중에 있고, 전투력 수준은 70% 수준이다.

2) 진지 전방 100m 지점에 규모미상의 반보병 지뢰를 설치 중이며, 참호 전방과 측방에는 철조망 및 돌폭뢰 등의 장애물을 설치하고, 진지 전방 200m 지점 일대에는 단도사격조를 운용할 것으로 판단된다.

**나. 아 군** *(중대 / 소대 작전개념, 공격개시시간, 중대 / 소대편성, 최종상태)*

1) 소대의 임무는 돌파 및 돌격 소대로써 ○월 ○일 05:00에 공격을 개시하여 목표 "1" 우측(225고지)을 확보하고, 3중대의 초월공격을 지원하는 것이다.

2) 이를 위해 1분대를 통로개척분대, 2분대를 돌격분대, 3분대를 사격지원부대로 운용한다.

**다. 배속 및 파견** *(부대 / 시간)*

1) 소대본부 기관총 1총 : 목표 확보 후 배속

## 2. 임 무 *(공격개시시간, 통로개척분대 / 지원임무 명시, 기타 명시과업 등 6하 원칙)*

분대는 통로개척분대로서 ○월 ○일 05:00에 공격을 개시하여, 225고지 전방에 장애물 통로를 개척하여 돌파지점을 확보하고, 2분대의 돌격여건을 보장하는 것이다. 목표 확보 후에는 소대 책임지역 좌측을 점령하여 3중대의 초월공격을 지원한다.

## 3. 실 시

### 가. 작전개념 *(작전단계별 이동순서, 이동대형 / 기술, 주요국면 전투수행방법)*

1) 기 동

가) 목표지역 기동간 기동순서는 부분대장조, 분대장조 순이며, 1열종대대형 및 선두감시하 전진을 적용하고, 개활지 극복과 목표상 전투 간에는 횡대대형 및 교대전진을 적용한다.

나) 적 참호진입 간에는 분대장조가 좌단부, 부분대장조가 우단부로 진입하여 적을 소탕한다.

2) 화 력

가) 분대 기관총은 부분대장 통제 하 적 장애물 지대 통로개척 및 참호진입 시 사격으로 적을 고착하여 분대장조를 지원한다.

나) 공격 간 PZF-Ⅲ 1기는 적 유개호 및 공용화기 진지를 제압하는 데 운용하고, 중대에 화력요청 시 박격포 지원이 가능하다.

### 나. 분대원의 과업 *(조 / 개인별 구체적 임무부여, 목표 확보 후 경계구역)*

1) 개활지 봉착 시 2번, 3번 소총수는 개활지 일대 정찰을 실시하고, 이상 없을 시 분대장조, 부분대장조 순으로 신속하게 통과하며 필요시 아군이 생존성을 보장하기 위해 상급부대로부터 연막차장을 요청하겠다. 재집결시는 개활지 통과 후 전방 능선 와지선 일대이다.

2) 적 포탄낙하 시에는 포탄이 광범위한 지역에 산발적 낙하시에는 일제히 약진하여 통과하고, 협소한 지역에 집중적인 포탄 낙하 시에는 신속히 낙탄지점 좌·우측으로 우회통과하며 광범위한 지역에 집중 낙하 시에는 일단 정지 후 주변 지형지물을 이용하여 엄폐하여 생존성을 보장하겠다.
(질문) 3번 소총수! (3번 소총수 대답), 적 포탄이 광범위한 지역에 집중적으로 낙하 시 생존성 보장대책에 대해서 말해봐라! (3번 소총수 대답)

3) 적 경계부대와 조우하였을 때에는 아군이 먼저 발견시 은밀히 우회하여 통과하고, 소대로 적의 정확한 위치와 규모를 보고하여 아군의 피해를 방지하고 화력으로 적을 격멸한다.
적으로부터 기습사격을 받으면 즉각 대응사격, 소산, 은·엄폐를 실시한 후 부분대장조는 엄호조로 적을 고착하고, 분대장조는 기동조로 우회하여 적의 측·후방을 타격하겠다.
(질문) 2번 소총수! (2번 소총수 대답), 적 경계부대로부터 기습사격을 받을 시 너의 임무에 대해서 말해봐라! (2번 소총수 대답)
(질문) 6번 소총수! (6번 소총수 대답), 적의 기습사격으로 부상자 발생 시 우리분대 응급처치요원으로서 너의 임무에 대해서 말해봐라! (6번 소총수 대답)

4) 적 장애물 지대 봉착 시 2·3번 소총수로 하여금 장애물 지대일대를 정찰하여 우회 가능여부를 판단 후 가능하면 우회로를 소대로 보고한 후 우회를 실시하고 필요시 소대로 연막을 요청하여 신속히 통과한다.

5) 우회 불가시에는 분대장조는 통로개척조, 부분대장조는 엄호조로 통로를 개척한다. 통로 개척 시 소대로 화력을 요청하여 장애물을 통제하고 있는 적을 우선 제압하고, 연막을 차장하여 적의 관측 및 조준사격의 효과를 감소시킨 후 2·3번 소총수는 급조폭발물(절단기)을 이용하여 통로를 개척하고 분대장조와 부분대장조가 교대전진으로 통과하여 통로를 확보한다.
(질문) 7번 기관총사수! (7번 기관총사수 대답), 적 장애물 개척시 너의 임무에 대해서 말해봐라! (7번 기관총사수 대답)

6) 적 참호진입 및 소탕 시에는 참호진입 전 모든 분대원은 착검, 탄알집 교환, 수류탄 투척 준비를 실시하고, 참호진입 시 적 참호로 수류탄 투척 및 조준사격을 실시하여 적을 제압한다. 참호진입은 부분대장조 엄호 하에 분대장조가 먼저 적 참호로 돌격하고, 분대장조가 모두 진입을 실시한 이후 부분대장조는 적 참호로 진입하여 적을 소탕한다.
(질문) 부분대장! (부분대장 대답) 적 참호진입 시 부분대장조의 임무에 대해서 말해봐라! (부분대장 대답)

7) 목표 확보 후에는 목표 후방 와지선까지 공격하여 적 은거 예상지역에 대하여 정찰을 실시하고 이때 7·8번이 경계병 임무를 수행한다. 우리 분대는 목표인 225고지 좌단부를 점령 및 경계하며, 적의 반돌격에 대비하여 진지강화 및 재편성을 실시하겠다. 부분대장은 재편성간에 인원 및 장비의 이상유무를 확인하고 신속하게 분대원이 탄약을 회수하여 재분배하라.
(질문) 5번 소총수! (5번 소총수 대답), 목표확보 후 너의 임무에 대해서 말해봐라! (5번 소총수 대답)

### 다. 협조지시

1) 임무형보호태세(MOPP)는 0단계를 적용한다.
2) 예행연습은 ○월 ○일 08:00~12:00까지 소대장님 통제 하 집결지 일대에서 목표상 전투를 중점적으로 실시하고, 우리 분대는 13:30~15:00까지 장애물 통로개척 시 요령에 대하여 예행연습을 실시하겠다.
3) 군장검사는 18:00시에 실시하며, 이때 개인 및 장비위장 상태를 내가 직접 확인할 테니 집결지 행동 간 지속적으로 개인 및 장비위장을 보완하라.

## 4. 작전지속지원

가. 탄약은 개인휴대량을 휴대하고 전투식량은 1끼분을 휴대한다.
나. 급조폭약(TNT)과 절단기는 2·3번이, PZF-Ⅲ 1기는 5·6번이 휴대한다.
다. 중대 사하지점은 최초 와촌마을에, 목표확보 후에는 225고지 후사면에 위치한다.

## 5. 지휘통제

### 가. 지 휘

1) 소대장은 목표지역으로 기동 간에는 우리분대 후방, 장애물 개척 및 돌격 간에는 2분대 선두에 위치한다.
2) 분대장은 분대장조 선두에 위치하며, 유고 시 부분대장 - 2번 소총수 - 3번 소총수 순으로 지휘권을 승계하여 우리 분대를 지휘한다.

### 나. 통 신

1) 전투명령어 / 완수신호, 각종 신호는 현재 사용 중인 약정된 신호를 적용하고 사격개시신호는 주간에 호각 길게 1회이며 야간은 적색 신호킷 1발이며, 사격 중지 신호는 주간에 호각 짧게 3회이며 야간에는 녹색 신호킷 1발이다.
2) 암구어는 문어에 문무, 답어에 괴산이며, 합구호는 8이다.
(질문) "6번 소총수, 문무" (6번 소총수 대답 : "괴산")
(질문) "5번 소총수, 5" (6번 소총수 대답 : "3"), 작전 간 잘 숙지하기 바란다.

## 2-4-2. 방어명령

**인원 확인 / 경계병 배치**

분대원들 다들 모였나? 배속된 소대기관총 사수, 부사수... 그래 다 모였구나 2, 3번 좌측으로 이동하여 145고지와 160고지 일대를 경계, 7번과 8번은 165고지와 전방 사격개시선 일대를 중점적으로 경계하고, 나머지 분대원은 전방을 경계한 상태에서 분대장의 명령하달을 잘 들을 수 있도록 한다.

**지형 / 기상** *(실지형 / 오늘 기상 적용)*

명령하달에 앞서 전방을 보고 지형과 기상에 대해 간단하게 설명하겠다, 현재 우리가 위치하고 있는 고지, 바로 이곳이 170고지이다. 전방 12시 방향에 보면 우측으로 횡격실 능선이 보이지, 능선을 따라 올라가면 1시 방향 높은 고지가 225고지이다. 좌측 11시 방향의 고지가 160고지이며, 능선을 따라 아래로 내려오면 무명 145고지가 발달되어 있다. 우측 1시 방향 225고지 앞 통신탑 보이지.. 저 곳이 무명 165고지이다 2시 방향 약간 구릉지처럼 형성된 고지가 100고지이다, 전지전방의 횡으로 발달된 도로가 202번 도로이며, 사창리 삼거리부터 170고지 우단부까지 연결되어 있다. 전방의 개활지는 적 기동에 제한을 줄 것이며, 전방의 횡으로 발달된 225고지 능선은 적 기동에 불리할 것으로 판단되나, 165고지와 145고지 종격실 능선과 225고지와 165고지~100고지를 연하는 종격실 능선을 이용하여 공격해 올 것으로 판단이 되므로, 분대원들은 적 예상접근로에 대한 경계를 강화할 수 있도록 한다. 작전간 기상은 맑고 기온은 약 28~32℃로 무더운 날씨가 될 것이다. 월광은 약 15%로 아군에게 불리할 것으로 판단되며, BMNT는 05:30, EENT는 20:00이다.

*(Tip : 기상과 지형은 실제 지형 및 기상을 적용하고, 아군에게 유리한지 또는 불리한지 등 미치는 영향을 판단한다. 설명 시에는 반드시 실지형을 손으로 가리키며 명령을 하달한다.)*

**1. 상 황**

**가. 적 군** *(규모, 활동 / 위치, 공격양상)*

소대 정면의 적은 14사단 13보병연대 예하의 1개대대가 아방어진지 전방 5km 떨어진 점골 일대에서 공격준비 중에 있으며, 그 중 1개 중대가 170고지 일대로 공격할 것이며, 1개 중대의 1개 소대 규모가 아 소대 전방으로 공격해 올 것으로 예상이 된다. 적은 약 24시간 후 아 방어 지역에 도달할 것으로 판단되고 적 전투력 수준은 약 90%이다.

### 나. 아 군 *(소대 임무, 방어준비 완료시간, 책임구역, 최종상태, 분대 편성)*

1) 소대장의 작전목적은 ○월 ○일 05:00이전에 사창리 삼거리로부터 170고지 계곡입구간을 점령방어하며, 공격해 오는 적 보병 1개 소대를 격멸하는 것이다.
2) 작전이 종료되었을 시에는 책임지역 내 적은 완전히 격멸되어야 하고, 170고지는 확보되어야 하며, 202번 도로는 통제되어야 한다.
3) 이를 위해 소대는 3분대를 좌, 2분대를 중아, 1분대를 우로하여 방어진지를 편성한다.
4) 소대의 좌는 2중대 1소대가, 우는 2소대가 병행 방어한다.

### 다. 배속 및 파견 : 소대본부 기관총 1총은 M월 D-1일 08:00 배속될 것이다.

*(부대 / 시간)*

## 2. 임 무 *(소대 임무, 방어준비 완료시간, 책임지역, 적 최종상태, 사격구역, 기타 명시된 과업 : 장애물 설치 / 국지경계부대 임무)*

분대는 소대의 우측분대로서 M월 D일 05:00 이전에 좌로는 170고지 중앙계곡입부부터 우로는 170고지 우단 소로입구까지를 점령방어하며, 산발형 지뢰지대 1개소와 전술철조망 1개소를 설치하여 공격해 오는 적을 저지·격멸하는 것이다.

## 3. 실 시

### 가. 작전개념 *(기동 / 화력 / 장애물에 관련된 작전개념 기술)*

1) **기동** : 분대는 12명을 2인 1개조로 운용하여 6개의 진지를 일선형으로 배치하고, 예비진지와 보조진지를 구축하여 적의 공격에 대비한다.

2) 화력지원계획

가) 사격구역은 좌로는 145고지 좌단으로부터 우로는 165고지 우단부 까지이다.
나) 사격개시선은 방어진지 전방 약 350~400m 이격된 160고지와 225고지, 165고지 횡격실 능선을 연하는 선이다.
다) 사격집중점은 165고지 우단부 능선과 와지선이 만나는 지점으로 크기는 100×100m이다.
라) 최후방어사격 표적은 분대 전방에 AB149 표적이 계획되어 있으며, 중대 60밀리 박격포에 의해 지원될 것이고, 기관총 최후방어사격선은 전술철조망과 연계하여 실시한다.

3) 장애물 운용계획

가) 산발형 지뢰지대는 165고지 2~3부 능선상에 1개소 설치한다.

나) 전술철조망은 170고지 우단 소로입구부터 165고지 좌단부가 만나는 지점까지 1개소를 설치한다.

다) 방어진지 주변에는 방호철조망을 설치하되, 적의 기습을 방지하고 아군의 수류탄 투척거리를 고려하여 방어진지 전방 40m에 설치한다.

**나. 분대원의 과업** *(개인별 과업 및 개인별 진지위치 / 사격구역, 주요 전투상황에 따른 임무 기술)*

1) 소대 기관총 사수, 부사수!

너희는 분대의 가장 우측에 위치하라. 사격구역은 145고지 우단부로부터 165고지 우단부까지이며, 주사격방향은 165고지 우단부를 지향하라. 또한 최후방어사격은 전술철조망과 연계하도록 해라.

2) 7번, 8번 기관총 사수, 부사수!

너희는 분대의 가장 좌측에 위치하라. 사격구역은 2분대 책임지역인 165고지 우단부로부터 165고지까지이며, 주사격방향은 160고지 우단부를 지향하라. 특히 인접분대인 2분대와 교차사격이 가능토록 160고지 방향으로 보조사격 방향을 지향하라

3) 4번 유탄수

너는 나와 함께 분대의 중앙에 위치하고, 사격구역은 160고지 우단부부터 165고지 좌단부까지이며, 너의 주사격 방향은 사격집중점 일대에 지역표적을 지향하라.

4) 부분대장, 9번 유탄수

너희는 7번과 8번에 우측에 위치하여 진지를 구축하라. 사격구역은 145고지 우단부로부터 사창로 우단부까지이다.
부분대장은 인접부대와 협조를 유지할 수 있도록 하고, 나의 지시에 따라 부분대장조를 통제할 수 있도록 해라. 9번 유탄수의 주사격방향은 사격집중점을 지역표적으로 지향하도록 해라.

5) 2번, 3번 소총수

너희는 분대장 진지와 소대 기관총 진지의 가운데에 위치하여 진지를 구축하고, 사격구역은 165고지 우단부까지이다. 추가로 너희는 크레모아를 후폭풍과 도전선 길이를 고려하여 방호철조망 내측 적 예상 접근로상 설치하라

6) 5번, 6번 소총수

너희는 부분대장 진지 좌측에 위치하여 진지를 구축하고, 사격구역은 160고지 우단부까지이다. 너희들도 크레모어를 설치하는데 진지 우전방 적예상 침투로에 설치를 하고, 수목이 울창하므로 나무에 설치할 수 있는지 지형을 확인 후 보고하라.

### 다. 협조지시 *(임무형 보호태세, 장애물 설치기간, 예행연습, 대공경계, 화망, 위장 등)*

1) 임무형 보호태세는 0단계를 적용한다.
2) ○월 ○일 15:00까지 지뢰지대 및 철조망 설치를 완료한다.
3) 예행연습은 ○월 ○일 15:00~17:00까지 소대장님 통제하 전단전투를 중점적으로 실시한다.

## 4. 작전지속지원 *(사하지점, 전투식량 / 탄약분배 등)*

가. 탄약은 개인별 기본휴대량 휴대하며 크레모아는 2번과 5번이 각각 1발을 휴대한다.
나. 전투식량은 3일분을 휴대하고, 식사는 중대에서 통합 추진하되 불가시 분대장 통제 하에 전투식량을 급식한다.
다. 대대 구호소 및 탄약분배소는 세평리 일대에 위치한다.
라. 중대 사하지점은 소대방어지역 후방 1km 이격된 165고지 후사면 일대이며 소대 사하지점은 170고지 후사면 일대이다.
마. 장애물 설치 자재는 집적소까지 중대에서 추진한다.

## 5. 지휘통제

### 가. 지 휘 *(소대장 위치, 분대장 위치 / 대리임무)*

1) 소대 관측소는 현 170고지이다.
2) 분대장은 분대방어진지 중앙에 위치하며, 분대장 유고시 부분대장이 지휘권을 승계하여 지휘한다.

### 나. 통 신 *(사격개시 / 사격중지 신호, 경계부대 철수시 신호규정, 암구호, 기타사항)*

1) 각종 신호는 소대가 사용중인 약정된 신호를 적용하며, 사격개시신호는 주간에 호각 길게 1회이며 야간은 적색 신호킷 1발이다.
2) 사격중지신호는 주간에 호각 짧게 3회이며 야간은 녹색 신호킷 1발이다.
3) 방어준비간 무선침묵을 유지한다.

# 부록 3 실습내용

| 구분 | 교육 내용 | 시간 |
|---|---|---|
| 1강 | 민주지산 사고사례 동영상 시청, 소감문 작성 및 발표 | A4용지 |
| 2강 | 1. 상주 1:50,000 지도를 보고 난외주기 도식<br>2. 상주 1:50,000 지도를 보고 기호 찾기<br>가. 흙색 : 콘크리트교, 학교, 복선철도, 공동묘지<br>나. 청색 : 하천, 논, 강, 저수지<br>다. 녹색 : 과수원, 삼림, 잡목, 고속도로<br>라. 적갈색 : 등고선, 절토지, 성토지<br>마. 보라색 : 고압선, 헬기장, 활주로 | • 상주지도<br>• 실습지 |
| 3강 | 1. 상주 1:50,000지도를 보고 고도 및 기복 표시, 지형 찾아보기(표고점, 고지, 능선, 지맥, 계곡, 안부, 성토지, 하천, 고속도로, 폐광, 채석장, 저수지, 헬기장 등)<br>2. 고지, 함몰지 등 등고선 그리기와 고도 결정하기 | • 상주지도<br>• 실습지 |
| 4강 | 1. 상주 1:50,000지도를 보고 낙동강에 있는 교량 10개를 4계단 좌표로 판독하기(상→하)<br>2. 상주 1:50,000지도를 보고 낙동강에 있는 양수장 10개를 6계단 좌표로 판독하기(상 →하)<br>3. 상주 1:50,000지도를 보고 500고지 이상 10개를 8계단 좌표로 판독하기 | • 상주지도<br>• 실습지 |

| 구분 | 교육 내용 | 시간 |
|---|---|---|
| 5강 | 1. 4강 실습내용 반복 실습<br>2. 여주 1:25,000지도를 보고 1~20번까지 8계단 좌표 판독하기 | • 상주지도<br>• 여주지도<br>• 실습지 |
| 6강 | 1. 상주 1:25,000, 1:50,000지도를 보고 도상거리를 실거리로 계산하기<br>2. 여주 1:25,000 지도를 보고 도상거리를 실거리로 계산하기<br>3. 여주 1:25,000 지도를 보고 1~20번까지 도북 기준 방위각 산출하기 | • 상주지도<br>• 여주지도<br>• 실습지 |
| 7강 | 1. 난외주기, 고도 및 기복, 좌표 판독, 지상 및 도상거리 계산 등 종합 실습<br>2. 1차 야외 실습 : 군사지도와 실 지형 비교 | • 상주지도<br>• 여주지도<br>• 실습지 |
| 8강 | 1차 직무수행능력 평가 | • 상주지도<br>• 여주지도<br>• 각도기, 자 |
| 9강 | 1. 여주 1 : 25,000지도를 보고 전방, 후방 방위각 산출하기<br>2. 상주 1 : 50 ,000 지도 하단 난외주기를 보고 도표척도 그리기와 도표척도를 이용하여 거리 산출하기 | • 상주지도<br>• 여주지도<br>• 각도기, 자 |
| 10강 | 1. M1 나침반 명칭 및 기능 숙지하기<br>2. M1 나침반 잡는 방법 및 사용 방법 숙지하기 | 야외 실습 |
| 11강 | 1. 상주 1:25,000 지도를 이용하여 지도정치<br>2. 여주 1:25,000 지도를 이용하여 위치 결정법 | • 상주지도<br>• 여주지도 |
| 12강 | 1. 방위각 산출, 나침반 사용방법, 지도 정치, 위치 결정법 등 종합 실습<br>2. 방향 탐지 및 유지 도상 실습<br>3. 방향과 위치 결정 실습 | • 상주지도<br>• 여주지도<br>• 각도기, 자, 나침반 |
| 13강 | 군대부호 도식하기 | 실습지 |
| 14강 | 1. 지형 및 기상이 군사작전에 미치는 영향 토의<br>2. 2차 야외 실습 : 지도정치, 방향 탐지 및 유지, 나침반 사용방법, 위치 결정법<br>3. 진단평가 | • 여주지도<br>• 각도기 , 자<br>• 나침반 |
| 15강 | 미흡분야 보충교육 | |
| 16강 | 2차 직무수행능력 평가 | • 상주지도<br>• 여주지도<br>• 각도기, 자, 나침반 |

# 부록 4 참고문헌

## 1. 야전 / 합동 교범

야전교범 참고 3-3, 독도법 및 군대부호
야교 100-1 지상작전
야교 6-1 정 보
야교 6-31 전장 정보 분석
합동교범 3-14, 합동군대 부호

## 2. 일반 문헌

김광석, 군사용어 해설사전『용병술어연구』, 병학사, 1993
합동교범 3-14, 합동군대 부호
정광호, 지리학 사전, 우성 문화사, 1993
브레이크 아웃 : 1950, 가을, 장진호 전투 : 마틴 리스(Martin Russ), 저, 임상균 역, 나남 출판, 2001,
이강원외 1인, 지형공간 정보체계 용어 사전, 구미 서관, 2006
현대 건축 관련 용어편찬 위원회, 건축용어 사전, 성안당, 2009
김광식, 기상학 사전, 향문사, 2009
추효상, 기상의 구조, 전남대학교, 2010
국방과학기술용어 사전, 2011
조형기, 지리 교육학, 푸름사, 2014
송형래 외, 독도법 및 군대부호 책자, 진영사, 2015
국방백서, 2016
Gretchen N. petrson, GIS 자도학 가이드  2016, 시그마 프레스
강경표 외, 한권으로 읽는 6·25 전쟁사, 진영사, 2014
정유지 외, 육군부사관 출제스타일, NEXENEDIA, 2015
조봉휘, 군사적 관점에서 본 6·25 전쟁사, 진영사, 2016

## 3. 신문 / 인터넷 자료

한겨례, 1998, 4, 3
https : //namu. wiki
https : //namu. wikipedia. org

## 저 자

### 김 두 현(金 斗 顯)

학군 24기 임관, 육군 중령 예편(2017.7), 보국훈장 삼일장(2016.10)

전) 육군 보병학교 전술학 교관, 학군교 교육과장

전) 11기계화 보병사단 대대장, 76보병사단 작전참모, 3군단 작전과장

전) 1군 사령부 작전처 작전계획장교, 서울과학기술대학교 학군단장

국민대학교 일반대학원 정치학 박사(2016.2)

전) 상명대학교 천안캠퍼스 정보통신학과 한국사 강사

현) 여주대 특수전과 초빙교수(지도교수)

논문 : 독일 통일의 군사통합 과정에 관한 연구

동서독 군사통합이 한국의 군사통합에 미치는 영향

북한의 사이버전 위협분석과 대응방안 고찰

낙동강 방어선에서 영천지구 전투에 관한 연구

### 우 희 준(禹 熙 駿)

학군 23기 임관, 육군 대령 예편(2012.12)

보국훈장 삼일장(2011. 10)

전) 7공수 특전여단 대대장, 작전참모

전) 육군본부 정작부 교훈처 계획장교

전) 특수전 학교 교무처장, 교수부장

안보정책학 석사(2012.8)

현) 여주대 특수전과 전임교수(학과장)

논문 : 미래 특수작전부대 전투장비 및 체계개선에 관한 연구